董 伟 郭书普 主编

水稻病虫害防治图解

SHUIDAO BINGCHONGHAI FANGZHI TUJIE

·北京·

本书收录了水稻常见病虫害38种，其中病害19种，虫害19种。病害部分介绍了症状识别、病原、传播途径、发生规律、综合防治；虫害部分介绍了为害症状、形态特征、发生特点、综合防治。

本书可供农业技术人员、作物种植者、农业院校师生学习参考。

图书在版编目（CIP）数据

水稻病虫害防治图解 / 董伟，郭书普主编 . —北京：化学工业出版社，2014.10（2019.1 重印）

ISBN 978-7-122-21429-4

Ⅰ. ①水… Ⅱ. ①董…②郭… Ⅲ. ①水稻 - 病虫害防治 - 图解 Ⅳ. ① S435.11-64

中国版本图书馆 CIP 数据核字（2014）第 168127 号

责任编辑：彭爱铭　　装帧设计：张　辉
责任校对：宋　夏

出版发行：化学工业出版社
（北京市东城区青年湖南街13号　邮政编码100011）
印　　装：天津图文方嘉印刷有限公司
889mm×1194mm　1/32　印张4　字数175千字
2019年1月北京第1版第5次印刷

购书咨询：010-64518888
售后服务：010-64518899
网　　址：http://www.cip.com.cn
凡购买本书，如有缺损质量问题，本社销售中心负责调换。

定　　价：25.00元

前　言

水稻作为我国第一大粮食作物，常年种植面积约3000万公顷，总产量约2亿吨。发展水稻生产对满足人民生活需求和保障粮食安全具有重要的战略意义。

在农业生产中，病虫害的发生一直客观存在，这使农业生产遭受到严重的损失，不但产量有显著的下降，同时作物的品质也明显降低。据资料记载，我国水稻病害有70余种，水稻害虫有600余种。尽管不是所有病虫害都需要常规防治，但仅部分重要病虫害造成的产量损失就难以估量。如何科学地防治病虫害，就成了水稻生产的关键问题之一。

只有正确识别病虫害，才能做到对症下药。只有了解病虫害的发生规律，才能把握重点，做到科学防治。为了更好地满足生产的需要，经济、有效地控制病虫害的发生，减少损失，提高农产品质量，我们编写了这本《水稻病虫害防治图解》。本书收录了生产上发生较为普遍的水稻病害19种，水稻虫害19种。病害部分介绍了症状识别、病原、传播途径、发生规律、综合防治；虫害部分介绍了为害症状、形态特征、发生特点、综合防治。

本书由董伟、郭书普主编，孔娟娟参与了部分编写工作。

由于水平有限，书中难免存在不足之处，敬请读者批评指正。

编者

2014.4

目 录

一 水稻病害

二 水稻虫害

一

水稻病害

1.水稻条纹叶枯病

水稻条纹叶枯病病田一般发病率在5%左右，减产3%～5%，严重时减产20%～30%，甚至高达70%或绝收。我国的江苏、浙江、上海和中南、西南的一些省市以及台湾省均有发生，部分年份暴发流行。

症状识别

发病之初在病株心叶沿叶脉呈现断续的黄绿色或黄白色短条斑，以后病斑增大合并，病叶一半或大半变成黄白色，但在其边缘部分仍呈现褪绿短条斑。病株矮化不明显，但一般分蘖减少。高秆品种发病后心叶细长、柔软并卷曲成纸捻状，弯曲下垂而形成“假枯心”。矮秆品种发病后心叶展开仍较正常。发病早的植株枯死，发病迟的在健叶或叶鞘上有褪色斑，但抽穗不良或畸形不实，形成“假白穗”。

病原

病原为水稻条纹叶枯病毒*Rice stipe virus*，简称RSV，属水稻条纹病毒组（或称柔丝病毒组）病毒。

传播途径

病毒在带毒灰飞虱体内越冬，成为主要初侵染源。病毒只能通过昆虫传播，已知灰飞虱为主要媒介，白背飞虱也能传染。病毒可经卵传递。介体昆虫吸食病稻后即可获毒，病毒进

入虫体，经过7 ~ 10天循回期，才能传毒。媒介昆虫在大、小麦田越冬的若虫，羽化后在原麦田繁殖，然后迁飞至早稻秧田或本田传毒为害并繁殖。早稻收获后，再迁飞至晚稻上为害，晚稻收获后，迁回冬麦上越冬。

发生规律

灰飞虱发生量越大，带毒虫率越高，发病越重。粳稻发病明显重于杂交籼稻。春季气温偏高、降雨少、虫口多，发病重。苗期最易感病。稻、麦两熟区，发病重。

综合防治

（1）农业防治　种植抗病、耐病品种，能明显降低发病程度。重发地区应压缩早播早栽面积，推迟水稻播栽期，使水稻秧苗期尽量避开第1代

灰飞虱的迁入高峰。秧田要连片安排，忌种插花田。早稻、单季稻苗床应远离麦田，双季晚稻苗床应远离发病较重的稻田。冬前和冬后全面防除田间地头和渠沟边禾本科杂草，可减少灰飞虱的发生量和带毒率。秋季水稻收获后，耕翻灭茬，压低灰飞虱越冬基数。

（2）化学防治 “控虫防病”是预防和控制水稻条纹叶枯病的关键措施，在灰飞虱的防治上要采取“治麦田保秧田、治秧田保大田、治大田前期保大田后期”的防治策略，做到全程药控。除适时用药防治灰飞虱外，当田间初见病株时，可喷洒2%宁南霉素水剂8000倍液，或20%吗啉胍·乙铜可湿性粉剂2000倍液，或25%吗啉胍·硫酸锌可溶性粉剂2000倍液，或31%氮苷·吗啉胍3000～5000倍液，以减轻病害。

2.水稻黑条矮缩病

水稻黑条矮缩病俗称矮稻，已成为近几年来我国水稻上的重要病害之一，病株稻穗难以抽出，结实率下降，重病田可减产50%以上。主要分布在我国南方地区。

症状识别

根系发育不良，须根少而短粗，呈黄褐色，根毛稀少。下部老叶呈褐色条斑枯死，新抽出的心叶短而厚，蜡质状，直立，主脉近叶鞘处扭曲严重。节间距缩短，叶枕重叠或错位。分蘖末期叶片皱折增多，叶脉弯曲较前期多。抽穗期病株抽穗略迟于健株。分蘖末期矮化严重，最初表现为下部老叶呈褐条后枯死，心叶难抽出，田间出现“蜂窝”状矮化。

病原

病原为稻黑条矮缩病毒*Rice black streaked dwarf virus*，简称RBSDV，属植物呼肠孤病毒组病毒。

传播途径

该病毒可由灰飞虱、白背飞虱、白带飞虱等传播，其中以灰飞虱传毒为主。介体一经染毒，终身带毒，但不经卵传毒。病毒主要在大麦、小麦

病株上越冬，有部分也在灰飞虱体内越冬。第1代灰飞虱在病麦上接毒后传到早稻、单季稻、晚稻和青玉米上传毒。稻田中繁殖的2、3代灰飞虱，在水稻病株上吸毒后，迁入晚稻和秋玉米上传毒，晚稻上繁殖的灰飞虱成虫和越冬代若虫又进行传毒，传给大麦、小麦。由于灰飞虱不能在玉米上繁殖，故玉米对该病毒再侵染作用不大。田间病毒通过麦–早稻–晚稻的途径完成侵染循环。

发生规律

晚稻早播比迟播发病重，稻苗幼嫩发病重。水稻发病程度取决于大麦、小麦发病轻重、毒源多少。靠近重病田的田边发病重，田内发病轻，往往在田边呈现一条宽约1米严重矮缩的病株带。

综合防治

（1）农业防治　合理布局，连片种植，并能同时移栽。清除田边杂草，压低虫源、毒源。疫区应该特别重视施用酸性肥料和增施锌肥，而且将锌肥作底肥。疫区应避免稻–麦或玉米–麦类连作，切断该病毒的周年循环桥梁。病区水稻制种田除在播种育秧期要严格治虫防病外，在分蘖期、孕穗期要随时观察田间病毒病发生情况，及时拔除销毁病株，尤其是母本病株更要彻底拔除。

（2）化学防治　水稻黑条矮缩病虽然由种子带病，但田间传播主要依靠灰飞虱，而且水稻苗期最容易发病。因此，田间治虫防病是防治的关键。水稻3～5叶期最易被传染，老病区应做好浸种拌芽，及早防治灰飞虱传毒。

3.水稻纹枯病

水稻纹枯病又称水稻云斑病、水稻云纹病，俗称花秆、花脚瘟，世界各产稻区均有发生。主要引起鞘枯和叶枯，使水稻结实率低，瘪谷率增加，粒重下降，一般减产10%～30%，发生严重时，减产超过50%。

症状识别

主要为害叶鞘，叶片次之，严重时可侵入茎秆并蔓延至穗部。叶鞘发病，多在近水面处产生暗绿色水渍状小斑点，后期扩大呈椭圆形，似云纹状，常多个病斑融合成大斑纹。条件适宜时，病斑边缘暗绿色，中央灰绿色，扩展迅速。天气干燥时，病斑边缘褐色，中央草黄色至灰白色。可导致植株倒伏或整株枯死。叶片发病，症状与叶鞘病斑相似，发病严重时，呈污绿色枯死。潮湿时以上病部均可见白色蛛丝状的菌丝，后期菌丝集结形成扁球形或不规则形的菌核，黏附在病斑上，易脱落。

病原

病原为立枯丝核菌*Rhizoctonia solani Kühn.*，属半知菌亚门。有性态为瓜亡革菌*Thanatephorus cucumeris*

(Frank) Domk，属担子菌亚门。

传播途径

（1）病菌主要以菌核在稻田里越冬，也能以菌丝和菌核在稻草和田边杂草上越冬。

（2）侵染和传播特点 漂浮在水面上的菌核黏附在稻株基部的叶鞘上，萌发菌丝侵入叶鞘组织，进行初侵染。发病后，病斑上形成的菌核随水漂浮，或靠菌丝蔓延进行再侵染。早稻菌核成为晚稻主要的病源。

发生规律

籼稻最抗病，粳稻次之，糯稻最感病；窄叶高秆品种较阔叶矮秆品种抗病；一般迟熟品种最抗病，早熟品

种最感病。孕穗至抽穗期为发病流行盛期，这一时期内最容易染病。气温28 ~ 32℃，连续几天降雨，田间湿度在100%，最有利于病害的流行。长期深水灌溉发病严重；水稻生长繁茂，组织柔软，田间郁闭，湿度大，有利于病害的蔓延。

综合防治

（1）农业防治　春耕灌水耙田时，捞去浪渣浮沫带出田外烧毁或深埋。及时铲除田边和田间杂草。施足基肥，早施追肥，避免偏施氮肥，增施磷钾肥。分蘖期浅灌，中耕后适当灌水，分蘖盛期后及时晒田，孕穗后实行干干湿湿的管水原则。

（2）化学防治　水稻栽后15 ~ 20天，亩用20%稻脚青250克拌细土400千克，均匀撒入水稻田内。孕穗期和齐穗期喷施5%井冈霉素水剂500倍液，或33%井冈·蜡芽可湿性粉剂250倍液，或30%菌核净可湿性粉剂1000倍液，或40%多·酮1000倍液，隔10 ~ 15天后再喷一次。也可用25%丙环唑乳油2000倍液，或26.5%噻呋酰胺悬浮剂3000倍液喷雾，只需用药1次。还可以选用45%代森铵水剂1000 ~ 1500倍液，或70%甲基硫菌灵可湿性粉剂500 ~ 750倍液，或28%多·井悬浮剂1000倍液，或12.5%井冈·蜡芽水剂1500倍液，或40%井冈·三环唑可湿性粉剂2000倍液。

4.稻瘟病

稻瘟病又称稻热病，俗称火烧瘟、吊颈瘟、叩头瘟，是水稻三大重要病害之一，稻区普遍发生，一般减产10% ~ 20%，严重时达40% ~ 50%，甚至颗粒无收。

症状识别

可分为苗瘟、叶瘟、节瘟、穗颈瘟和谷粒瘟，其中以叶瘟发生最为普遍，穗颈瘟为害最重。苗瘟多在秧苗三叶期前发病，无明显病斑，苗基部灰黑色，上部黄褐色，卷缩枯死。叶瘟可分为4种类型。

（1）慢性型　病斑呈梭形，两端常有沿叶脉延伸的褐色坏死线，边缘褐色，中间灰白色，外围有黄色晕圈，潮湿时背面常有灰绿色霉层。

（2）急性型　病斑暗绿色近圆至椭圆形的病斑，正反两面都有大量灰色霉层。

（3）褐点型　多在气候干燥时抗病品种上产生，呈褐色小点，局限于叶脉间，有时边缘现黄色晕圈，不产生孢子，无霉层。

（4）白点型　多在感病品种嫩叶上出现，呈圆形白色小点，无霉层。

节瘟的症状是节间变黑，潮湿时节上产生灰绿色霉层。穗颈和枝梗感病后变褐色，发病早而重的穗子枯死呈白穗，发病晚的稻穗秕谷增多。谷粒发病，在谷粒的护颖、颖壳上产生黑褐色小斑点。

病原

病原为灰梨孢*Pyricularia grisea*（Cooke）Sacc.，属半知菌亚门。有性

态为*Magnaporthe grisea*(Hebert)Barr.,属子囊菌亚门。

传播途径

病菌以菌丝体和分生孢子在稻草、病谷及种子上越冬。带病种子、病稻草堆和以稻草沤制而未腐熟的肥料,是第二年病害的初侵来源。越冬病菌在第二年产生分生孢子,借风雨传播到稻株上,形成中心病株。病部形成的分生孢子,借风雨传播进行再侵染。播种带菌种子可引起苗瘟。当分生孢子着落在稻株表面后,有水条件下,在15～32℃时均能萌发,形成附着胞,产生侵入丝。气温低于13℃或超过35℃时,病菌均不能侵入。风是孢子飞散的必要条件,雨、露、光等能促进孢子脱离。遇阴雨天气时,孢子可全天释放。

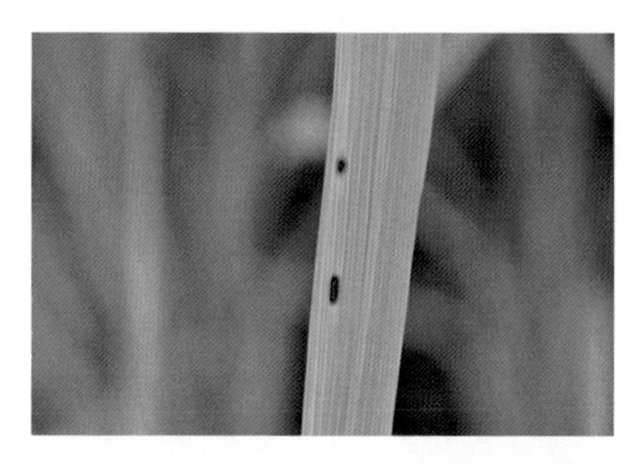

发生规律

四叶期至分蘖盛期和抽穗初期最易发病。叶片从40%展开至完全展开后的2天内最易感病。穗颈以始穗期最易感病,抽穗6天后抗性逐渐增强,13天以后很少感病。温度和湿度对发病影响最大,其次是光和风。适温高湿,有雨、雾、露存在条件下有利于发病。水稻处于感病阶段,气温在20～30℃,尤其在24～28℃,阴雨天多,相对湿度保持在90%以上,易引起稻瘟病流行。分蘖期和抽穗期遇持续低温、多雨、寡照天气,易引起叶瘟和穗茎瘟流行。旱育秧苗瘟发病

严重。种子带菌，引起秧苗发病。病稻草多，稻瘟病的初侵染源广，来年可能发病重。偏施氮肥，稻株徒长，表皮细胞硅化程度低，易发病。长期深灌或冷灌，土壤缺氧，产生有毒物质，妨碍根系生长，会加重病情。

综合防治

（1）农业防治　因地制宜地选用抗病品种。秧田期以前彻底处理完病稻草，消灭越冬菌源。施足基肥，巧施追肥，灌水应以深水返青，浅水分蘖，晒田拔节和后期浅水为原则。增施硅肥可有效减轻发病。

（2）种子处理　播种前用40%多菌灵可湿性粉剂、70%甲基硫菌灵可湿性粉剂、50%稻瘟净、40%异稻瘟净乳油浸种，早稻用1000倍药液浸种48 ~ 72小时，晚稻用500倍药液浸种24小时，或使用18%多·福·甲枯悬浮种衣剂 1:30 ~ 40（药种比），或20%多·福悬浮种衣剂 1:40 ~ 50（药种比）。

（3）化学防治　2 ~ 3叶期发生苗瘟，用6%施稻灵防治1次。移栽时，用25%咪酰胺乳油1500倍液，或20%三环唑乳油750倍液浸秧根3小

时。本田发病，可喷施20%稻瘟酰胺悬浮剂3000～4000倍液，或25%咪鲜胺乳油2000～3000倍液，或30%稻瘟灵乳油1500倍液，或50%异稻瘟净乳油1000倍液，或50%三环·多菌灵可湿性粉剂2000倍液，或20%井·唑·多菌灵可湿性粉剂2000倍液，或20%三环唑可湿性粉剂3000倍液，或18%三环·烯唑醇悬浮剂6000倍液，或20%唑酮·三环唑可湿性粉剂2000倍液，或66%多·酮可湿性粉剂1200倍液，或15%苯乙锡·井可湿性粉剂3500倍液。

5.水稻白叶枯病

水稻白叶枯病是我国水稻上的三大病害之一，国内除新疆外，其余各地均已发现，但在许多新病区多为局部发生。受侵染的水稻一般减产20%～30%，严重时能够达到50%。如果在分蘖期出现凋萎型白叶枯，造成稻株的大量枯死，损失会更大。

症状识别

水稻生长发育的各个阶段均可发病。病害症状有以下4种类型。

（1）叶枯型　白叶枯病的典型症状，苗期很少出现，一般在分蘖后较明显。发病多从叶尖或叶缘开始，初现黄绿色或暗绿色斑点，后沿叶脉迅速向下纵横扩展成条斑，可达叶片基部和整个叶片。病健部交界线明显，呈波纹状（粳稻品种）或直线状（籼稻品种）。病斑黄色或略带红褐色，最后变成灰白色（多见于籼稻）或黄白色（多见于粳稻）。湿度大时，病部易见蜜黄色珠状菌脓。

（2）急性型　叶片病斑暗绿色，迅速扩展，几天内可使全叶呈青灰色或灰绿色，呈开水烫伤状，随即纵卷青枯，病部有蜜黄色珠状菌脓。此种症状的出现，表示病害正在急剧发展。

（3）凋萎型　多在秧田后期至拔节期发生。病株心叶或心叶下1～2叶先失水、青卷，尔后枯萎，随后其他叶片相继青枯。病轻时仅1～2个分蘖

青枯死亡，病重时整株整丛枯死。折断病株的茎基部并用手挤压，可见大量黄色菌液溢出。剥开刚刚青枯的心叶，也常见叶面有珠状黄色菌脓。

（4）黄叶型 目前国内仅在广东省发现。病株的新出叶均匀褪绿或呈黄色或黄绿色宽条斑，较老的叶片颜色正常。之后，病株生长受到抑制。

病原

病原为稻黄单胞菌水稻致病变种*Xanthomonas oryzae pv. oryzae*（Ishiyama）Swings，属黄单胞菌属细菌。

传播途径

带菌种子和病稻草是该病的主要初侵染源，老病区以病稻草传病为主，新病区以带菌种子传病为主。病田长

出的再生稻和自生稻病株，也可成为初侵染源。病菌从水孔、伤口或气孔侵入，进入维管束后在导管内大量繁殖，并扩展到其他部位，并可以从叶面或水孔大量溢出，借风雨露滴或流水传播，进行再侵染。

发生规律

品种间抗病性有差异，一般糯稻抗病性最强，粳稻次之，籼稻最弱。此病的发生一般在气温25 ~ 30℃时最盛。适温、多雨和日照不足有利于发病，特别是台风、暴雨或洪涝有利于病菌的传播和侵入，更易引起病害暴发流行。一般以中稻为主地区和早稻、中稻、晚稻混栽地区病害易于流行。氮肥施用过多、过迟，田间郁闭、湿度大，易发病。深水灌溉或稻株受淹，有利于病菌的传播和侵入。地势低洼、

排水不良的地块，以及沿江河一带的地区发病也重。

综合防治

（1）检疫　无病区不从病区引种，防止种子带菌传播。

（2）种子处理　用10%三氯异氰脲酸500倍液浸种48小时，还可用20%噻枯唑可湿性粉剂500～600倍液，或45%代森铵水剂500～800倍液浸种24～48小时。

（3）农业防治　因地制宜地选用抗病品种。采取旱育苗技术，培育壮秧，提高秧苗抗性。加强农田基本建设，提高农田排灌能力。在水稻分蘖末期适当晾田，浅湿管理，防止大水串灌、漫灌和长期深灌，防止水淹。避免偏施氮肥，适当增施磷、钾肥，提高植株抗病力。

（4）化学防治　在水稻三叶期和移栽前5天各喷施1次10%三氯异氰脲酸500倍液，预防本田发病。大田施药适期应掌握在零星发病阶段，以消灭发病中心为主，防止扩大蔓延。常用的药剂有35%克壮·叶唑可湿性粉剂1500倍液，或50%氯溴异氰尿酸可湿性粉剂2000～3000倍液，或20%噻菌铜悬浮剂2000倍液，或3%中生菌素可湿性粉剂10000倍液，或15%叶枯唑可湿性粉剂2000倍液，或20%噻菌茂可湿性粉剂1500倍液，或72%硫酸链霉素可溶性粉剂3000倍液，或20%噻森铜悬浮剂2500倍液，或5%菌毒清水剂5000倍液，或45%代森铵水剂2000倍液喷雾。

6.水稻细菌性条斑病

水稻细菌性条斑病在20世纪50～60年代曾在海南、广东、广西、四川、浙江一度流行。80年代以来，随着杂交稻的推广和南繁稻种的调运，病区逐年扩大。目前除上述省（区）外，江西、江苏、安徽、湖南、湖北、云南、贵州等省局部地区也有发生。该病可引起叶片枯死，一般减产15%～25%，严重时可达40%～60%。

症状识别

叶片上初生暗绿色水渍状半透明小斑点，后沿叶脉扩展形成暗绿色至黄褐色纤细条斑，大小（0.5～1）毫米×（3～5）毫米，呈油渍状半透明。湿度大时病斑上出现许多细小的露珠状深蜜黄色菌脓，干燥后不易脱落。严重时，病斑增多相互愈合，局部成不规则的黄褐色至枯白色斑块，外观于白叶枯病有些相似，但对光检查，仍可看出是由许多半透明的小条斑融合而成的。发病严重时，叶片卷曲，稻株矮缩。

病原

病原为稻黄单胞菌稻生致病变种 *Xanthomonas oryzae pv. oryzicola*（Fang et al）Swings，是一种黄单胞菌属细菌。

传播途径

病菌主要在病稻谷和病稻草上越冬。病菌主要通过灌溉水和雨水接触秧苗，从气孔或伤口侵入，并在其中大量繁殖。叶脉对病菌扩展有阻挡作用，故在病部形成条斑。病斑上溢出的菌脓，可借风雨、露滴、水流及叶片之间的接触等途径传播，进行再侵染。带菌种子的调运是病害远距离传播的主要途径。

发生规律

一般粳稻较籼稻、糯稻抗病；常规稻较杂交稻抗病；小叶型品种较大叶型品种抗病；叶片窄而直立的品种较叶片宽而平展的品种抗病。一般苗期较感病，成株期较抗病。同一品种在不同地区的抗病性表现也有很大差

异。在气温25～28℃、相对湿度接近饱和时，最适合于病害发展。台风、暴雨或洪涝侵袭，有利于病菌的侵入和传播，易引起病害流行。氮肥、磷肥、钾肥施用比例不当，或偏施、迟施氮肥均易发病。病田水串灌、漫灌或长期灌水、失水、干旱也有利于病害的扩展和蔓延。

综合防治

（1）检疫　严格实行植物检疫制度，无病区不从病区调种。病区应建立无病留种田，严格控制带菌种子外调，防止病种传播。

（2）农业防治　病害常发区选用抗病、耐病品种。晚稻收获后，把收割后的稻草、田边杂草集中进行烧毁，消灭病菌。

（3）化学防治　发病初期喷药防治，药剂可选用用20%噻菌铜悬浮剂2000倍液，或1000万单位农用链霉素5000倍液，或20%王铜·链霉素可湿性粉剂3000～4000倍液，或20%叶枯唑可湿性粉剂2500倍液，或20%噻唑锌悬浮剂2500倍液，或36%三氯异氰尿酸可湿性粉剂2000倍液，或50%氯溴异氰尿酸可溶性粉剂2000倍液，或20%多·溴硝悬浮剂4000倍液，或5%辛菌胺乳油8000倍液。

7.水稻细菌性褐斑病

水稻细菌性褐斑病又称细菌性鞘腐病，主要发生在东北稻区，浙江曾有发生。

症状识别

叶片发病，病斑初为褐色水渍状小斑点，后逐渐扩大呈纺锤形、长椭圆形或不规则形条斑，赤褐色，大小1～5毫米，边缘有水渍状黄色晕纹，后期病斑的中心变灰褐色，组织坏死，但不穿孔。病斑常融合形成大条斑，使叶片局部坏死。病斑不产生菌脓。叶鞘发病，多发生在剑叶叶鞘上，初生赤色短条状病斑，后融合成不规则形大斑，病斑中心组织也变灰褐色坏死。剥开叶鞘，茎上有黑褐色条斑。抽穗前剑叶叶鞘发病严重时，往往抽不出穗。已抽出穗受害部多在新抽穗的颖壳上，初为近圆形褐色小斑点，严重的不但整个颖壳变褐色，有的还可深入到米粒上。

病原

病原为丁香假单胞菌丁香致病变种*Pseudomonas syringae pv. syringae* Van Holl，是一种假单胞菌属细菌。

传播途径

病原菌在种子上和病组织中越冬，成为第二年主要初侵染源。田边的杂草寄主也可带菌。条件适宜时，通过伤口侵入机体，也可通过水孔、气孔侵入。病原菌可在水中存活20～30天，并可以随水流传播。

发生规律

一般病种子数量多、上年残存的水稻病残体多，病原菌数量就越多，发病就越重。温度25～30℃，湿度85%以上容易发病。水稻抽穗扬花前后，天气阴冷，风大、降雨量大，雨次频繁，易造成叶片及穗部伤口多，发病较重。台风暴雨常促成病害蔓延，低温可加重为害。土壤酸性、偏施氮肥、长期水淹或灌串，都有利于发病。

综合防治

（1）检疫　加强检疫，防止病种子调入和调出。

（2）农业防治　因地制宜的选择抗病、耐病品种。合理搭配施用氮、磷、钾肥，控制好氮肥用量，增施磷、钾肥，可减轻病害的发生。适时晒田，水稻孕穗到抽穗灌浆期要保持浅水层。切忌灌水过多或长期水淹，防止病田水串流。清除田边杂草，降低病原菌数量。

（3）种子处理　先将种子用清水浸泡12小时，再放入40%的三氯异氰脲酸200倍液中浸泡12小时，然后用清水洗净，催芽播种；也可用10%叶枯净2000倍液浸种24 ~ 48小时，捞出后催芽、播种；或用福尔马林50倍液浸种3小时，再闷种12小时，洗净后再催芽。

（4）化学防治　参见水稻白叶枯病。

8.稻曲病

稻曲病又称伪黑穗病、绿黑穗病、谷花病、青粉病，俗称丰产病、丰收果，世界水稻产区均有分布发生。一般发病率为3%～5%，严重的达30%以上，减产可达20%～30%。

症状识别

仅在穗部发生。病菌侵入谷粒后，在颖壳内形成菌丝块，破坏病粒内部组织后，菌丝块逐渐渐增大，先从内、外颖壳合缝处露出淡黄绿色块状的孢子座，后转变成墨绿色或橄榄色，包裹颖壳，近球形，体积可达健粒数倍。最后孢子座表面龟裂，散布墨绿色粉末状的厚垣孢子。发病后期，有的孢子座两侧可生2～4粒黑色、稍扁平、硬质的菌核。菌核易脱落在田间越冬。

病原

病原为稻绿核菌 *Ustilaginoidea virens*（Cke.）Tak.，属半知菌亚门。有性态为稻麦角菌 *Claviceps oryzaesativae* Has.，子囊菌亚门。

传播途径

病菌以厚垣孢子附着在种子表面和落入田间越冬，也可以菌核在土中越冬。第二年菌核萌发产生子座，形

成子囊壳，产生子囊孢子，成为主要的初侵染源。厚垣孢子产生分生孢子，子囊孢子和分生孢子借气流传播，开花时萌发，菌丝侵入子房和柱头，并深入胚乳中迅速生长形成孢子座，造成谷粒发病。

发生规律

抽穗晚、枝梗粒数多、抽穗慢、抽穗期长的品种，发病重。抽穗扬花时遇多雨、低温，特别是连阴雨天气，发生重。偏施氮肥，穗肥用量过多，田间郁蔽严重，通风透光差，相对湿度高，发病重。淹水、串灌、漫灌是导致稻曲病传播的重要原因。

综合防治

（1）种子处理　播前晒种1～2天，再用清水浸泡24小时，然后用硫酸铜200倍液，或福尔马林50倍液，或3%～5%生石灰水浸种3～5小时，也可用50%多菌灵500倍液浸种24小时。药液要淹没种子，浸种时不能搅动。

（2）农业防治　因地制宜选用抗病品种。建立无病留种田，选用无病种子。合理密植，适时移栽。施足基

肥，增施农家肥，少施氮肥，配施磷、钾肥，慎用穗肥。及时摘除病粒带出田外深埋或烧毁。发病稻田水稻收割后要深翻、晒田。

（3）化学防治　第一次施药在破口前8天至破口抽穗20%时，可喷施选用1:1:500的石灰倍量式波尔多液，或15%三唑酮可湿性粉剂500倍液，或20%瘟曲克星可湿性粉剂500倍液，或14%络氨铜乳油500倍液，或50%琥胶肥酸铜可湿性粉剂500倍液。第二次在始穗期，可喷洒40%多·酮可湿性粉剂500倍液，或25%咪鲜胺乳油600倍液。还可以选用以下混剂：10%井冈·蜡芽菌悬浮剂2500倍液，或20%苯乙锡·酮可湿性粉剂2000倍液，或12%井·烯唑可湿性粉剂5000倍液，或28%酮·氧亚铜可湿性粉剂4000倍液，或20%井·氧亚铜可湿性粉剂2500倍液，或25%多·酮可湿性粉剂2000倍液。

9.水稻烂秧

烂秧是烂种、烂芽和死苗的统称。扎根以前，幼芽跷脚，黑头黑根，以及腐烂死亡，统称烂芽；播种后种子不发芽，逐渐发黑腐烂，称烂种；幼苗在二、三叶期死亡，称死苗。

症状识别

烂秧可以分为生理性烂秧和传染性烂秧。生理性烂秧比较常见的类型有淤籽、露籽、硗脚、倒芽、钓鱼钩和黑根。传染性烂秧是由真菌引的，开始时零星发生，以后迅速向四周蔓延，严重时出现整片稻秧死亡，主要由禾谷镰刀菌*Fusarium graminearum* Schw.、立枯丝核菌*Rhizoctonia solani* *Kühn*.、稻腐霉*Pythium oryzae* Ito et Tokun.、层出绵霉*Achlya prolifera* (Nees) de Bary.等引起的。按照症状不同，传染性烂秧可分为青枯型和黄枯型。青枯型病株最初叶尖停止吐水，继而心叶突然萎蔫，卷成筒状，随后下部叶片很快失水萎蔫卷筒，直至全株呈污绿色而枯死；病株根系呈暗色，根毛稀少。黄枯型病株从下部叶片开始发病，由叶尖向叶基逐渐变

黄，向上部叶片蔓延至心叶，最后植株基部变褐软化，直至全株呈黄褐色枯死；病株根系呈暗色，根毛稀少，根易拔起。

传播途径

病原菌在土壤和病残体上越冬。条件适宜时产生分生孢子、游动孢子等，借风雨和流水传播，或萌发形成丝在幼苗间蔓延传播，从伤口侵入或直接侵入幼苗。

发生规律

苗期遇低温阴雨易发病。冷后暴晴，温差过大时，也容易发病。施用未腐熟的有机肥，易发病。种子贮藏

期受潮，催芽温度过高，或长时间过低，易引起烂种。秧田水深缺氧或暴热、高温烫芽等，易引起烂芽。

综合防治

（1）种子处理 每千克种子用350克/升精甲霜灵种子处理乳剂5.25～8.75克/100千克拌种；或每千克种子用58.3～87.5mg浸种，或用80%乙蒜素乳油6000～8000倍液浸种。

（2）农业防治 改进育秧方式，因地制宜采用旱育秧稀植技术，或采用薄膜覆盖育秧。秧田应选在肥力中等，排灌方便，地势较高的平整田块。精选种子，浸种前晒种1～2天。芽期保持畦面湿润，不能过早上水。在有暴风雨、冰雹或霜冻时，短时间灌水护芽。秧田施足基肥，追肥少量多次，提高磷钾肥的比例。

（3）土壤消毒 播种后，每平方米秧田用绿亨一号1～1.5克与过筛的湿润细土10～20千克充分拌匀，均匀撒于秧田上。

（4）秧田喷雾 对老秧田或灌溉污水的秧田，在发病前用多·福·锌对水800～1000倍喷雾。对由绵腐菌及水生藻类为主引起的烂秧发现中心病株后，选用25%甲霜灵可湿性粉剂800～1000倍液，或65%敌磺钠可湿性粉剂700倍液喷雾。对立枯菌、绵腐菌混合侵染引起的烂秧，可喷洒30%噁霉灵可湿性粉剂500～800倍液，喷药时田间应保持薄水层。

10. 水稻恶苗病

水稻恶苗病又称水稻徒长病，全国各地均有发生。一般田块病株率0%～3%，少数重病田病株率达40%以上，减产10%～40%。

症状识别

苗期发病，病株多表现为纤细、瘦弱、叶鞘拉长，比健株高出近1/3，色淡，叶片较窄，根系发育不良。少数病株比健株矮小。大部分病株在苗期即枯死，少数病株移栽后25天内枯死。本田期发病，病株症状可分为3种类型。

（1）徒长型　病株表现叶鞘拉长，比健株高约1/3，分蘖少甚至不分蘖。叶片狭窄，并自下而上逐渐枯黄。中后期出现倒生根，叶鞘变褐，根系发黑，后期茎秆变软，整株枯死，枯死株上出现白色至粉白色霉层。

（2）普通型　病株高矮与健株相当，叶色相近，有些发病快，2～3天即出现倒生根，并很快枯死。有些发病持续时间很长，除倒生根外，病株外表看不出其他症状，至20天或更久才见枯黄。

（3）早穗型　病株表现为提早抽穗，约比健株早3～7天，且穗头较高，穗小，经6～10天即成白穗，未

成白穗的籽粒也不饱满。典型的症状一般发生在移栽后的25 ~ 30天内。

病原

病原为串珠镰孢菌*Fusarium moniliforme* Sheld，属半知菌亚门。

传播途径

病菌以菌丝体在种子内部和表面越冬，或以分生孢子在种子表面越冬。带菌种子是主要初侵染源。种子萌发后，病菌从芽鞘、根部侵入，引起秧苗发病。病株产生的分生孢子可从伤口侵入，感染健苗，引起再侵染，使大田发病。水稻扬花时，分生孢子传染到花器上，产生病种子。脱粒时，病种子上的分生孢子黏附在无病种子上。

发生规律

第1峰期出现在秧田期，一般于播种后15天左右出现；第2峰在水稻分蘖高峰期出现；第3峰在水稻孕穗期出现。高温有利于病害发生；水稻抽穗后若遇到高温多雨，可提高种子带菌率，并且加深侵染部位。种子带菌率越高，发病越重。肥床旱育秧田发病严重，地膜秧田病株率明显高于露地秧田。高温催芽、苗床高温管理，发病重。土温在35℃时，病菌最易侵害稻株。种子和秧苗有外伤时，有利于病菌侵入。

综合防治

（1）种子处理　浸种药剂可选用：25％咪鲜胺5000倍液，或10％二硫氰基甲烷乳油3000倍液，或20％代铵・多悬浮剂200 ~ 300倍液。浸种60小时后不必淘洗，即可催芽播种。种子包衣药剂可选用：0.5％咪鲜胺悬浮种衣剂按药种重量比1∶30，或15％多・福・甲枯悬浮种衣剂 1∶30，或18％多・福・咪鲜悬浮种衣剂 1∶40，

或15%多·福悬浮种衣剂 225 ~ 300克/100千克种子，或20%福·甲枯·克悬浮种衣剂 1:50。拌种药剂可选用：0.78%多唑·多菌灵拌种剂233 ~ 312克/100千克种子，或3.5%咪鲜·甲霜灵粉剂 按药种比1:100，或2.5%咯菌腈悬浮种衣剂 10 ~ 15克/100千克种子。

（2）农业防治　选用抗病品种和无病种子。采取小苗带土移栽。实行轮作倒茬，杜绝带病残体入田，发现病株及时拔除并集中烧毁或深埋。带病稻草应及早作燃料烧掉，或堆沤肥料，充分腐熟后才能施用。严禁用病稻草催芽、扎秧把、覆盖秧床，也不要将病稻草堆放在水稻田边。采用适氮、高钾的肥水管理方法。

（3）化学防治　在旱育秧的秧苗针叶期，用25%咪鲜胺乳油1500倍液喷雾。田间发现病株后，用25%咪鲜胺乳油1200倍液喷雾。在制种田，母本齐穗至始花期用25%咪鲜胺乳油40毫升加25%三唑酮乳油30毫升，对水30千克喷雾。

11. 稻粒黑粉病

稻粒黑粉病又称墨黑穗病、黑穗病，俗称乌谷、黑粉谷，近几年已上升为水稻主要病害，稻制种田发生尤其严重。一般穗发病率70%～80%，病粒率达10%～15%，严重时达70%～80%，产量损失达10%～20%，甚至达50%以上。

症状识别

稻粒黑粉病只为害谷粒，一般每穗受害一至数粒，严重时十多粒甚至数十粒，在水稻近黄熟时症状才较明显。症状有3种类型。①谷粒色泽正常，颖间自然开裂，露出黑色粒状物，如遇阴雨天气，湿度大，病粒破裂，散出黑色粉末。②谷粒色泽正常，外颖背线近护颖处开裂，现出红色或白色舌状物，颖壳黏附黑色粉末。③谷粒变暗绿色，不开裂，不充实，与青粒相似，有的谷粒变为焦黄色，手捏有松软感，病粒用水浸泡变黑。

病原

病原为狼尾草腥黑粉菌*Tilletia barclayana*(Bref.)Sacc.et Syd.，属担子菌亚门腥黑粉菌属。

传播途径

病菌以厚垣孢子在土壤中、种子内外和畜禽粪便中越冬，成为第二年的初侵染源。带病种子也是重要的初侵染源。第二年条件适宜时，厚垣孢子萌发产生担子和担孢子，担孢子在水稻花器上再次萌发侵入丝，从花器的柱

头侵入，进入子房，在子房内进行营养生长，产生大量的菌丝，使米粒不能形成。最后形成黑色厚垣孢子充满谷粒。最后谷粒破裂厚垣孢子散发出来，落入土壤和吸附在谷粒上越冬。

发生规律

水稻开花期最感病，扬花期温度25 ~ 30℃，遇连续阴雨，发病重。病种子带菌率越高，病害发生也就越重。多年制种田菌源多，发病重，轮作田发病轻。氮肥追施过量、过迟，茎秆柔嫩，无效分蘖多，通风透光不良，栽培密度过大，不及时烤田等均有利于发病。

综合防治

（1）种子处理　选种后，用50%多菌灵800倍液，或三氯异氰脲酸300 ~ 500倍液浸种12小时，也可用70%甲基硫菌灵500倍液，或1%石灰水浸种24小时。

（2）农业防治　选用抗病品种。实行水旱轮作。制种田冬季翻土晒垡。用重力式精选机选种，可去除95%以上的黑粉病粒，再用7%的盐水选种。多施有机肥和磷、钾肥。施肥要早，适时晒田，后期干湿交替，控制田间湿度。

（3）化学防治　始花期、盛花期和灌浆期各用药剂防治1次。可喷洒用17.5%多・烯唑可湿性粉剂4000倍液，或25%三唑酮1000倍液，或5%井冈霉素水剂250 ~ 500倍液，或70%甲基硫菌灵600倍液。

12. 水稻霜霉病

水稻霜霉病又称黄化萎缩病，各地均有发生。受害病株不能结实，或抽出畸形穗，严重时可减产40%以上。

症状识别

秧苗期染病后，病株萎缩，叶片淡绿并呈斑纹花叶状，斑点黄白色，圆形或椭圆形，排列不规则。症状最初出现在心叶，表现叶鞘无法伸出形成倒生叶。植株矮化，生长停滞、逐渐黄化，严重的全株黄化、枯死。成株期发病，病株心叶常呈黄色曲卷，或扭曲不易抽出。病株不能孕穗，轻病株即使孕穗，也不能正常抽出，常包裹于剑叶鞘中，或从叶鞘侧面拱出，成卷曲状，抽出的穗小，扭曲畸形，形成秕谷。孕穗后病株矮缩更为明显，常不及健株的1/2，叶片短宽而肥厚。

病原

病原为大孢指疫霉水稻变种*Sclerophthora macrospora* var. *oryzae* Zhang & Liu，属鞭毛菌亚门指疫霉属真菌。

传播途径

病菌以卵孢子在禾本科植物上越冬。春天，游动孢子借水流传播，侵入

水稻叶片，产生分生孢子和卵孢子。分生孢子可产生游动孢子，进行再侵染。

发生规律

低温有利于病害的发生。秧苗期，如遇暴雨或连阴雨天气，发病重。秧田淹水有利于发病。

综合防治

（1）种子处理 用0.1%硫酸铜溶液浸种6～8小时。

（2）农业防治 水旱轮作。选用地势较高的田块做秧田。增施有机肥，不施氮肥。避免秧田及本田灌深水。发现病株，及时拔除，控制病害蔓延。

（3）田间施药 秧田播种后，用硫酸铜稀释液浇施于土面，每平方米秧田用量为1克硫酸铜。淹水田在排水后，立即喷洒1:1:240倍波尔多液。发病初期喷洒25%甲霜灵可湿性粉剂1000倍液，或90%霜疫净可湿性粉剂400倍液，或40%乙膦铝可湿性粉剂300倍液，或64%杀毒矾可湿性粉剂600倍液，或58%甲霜灵·锰锌600倍液，或70%乙膦·锰锌可湿性粉剂600倍液，或72.2%霜霉威水剂500倍液。每隔5～7天喷一次，连续2～3次。

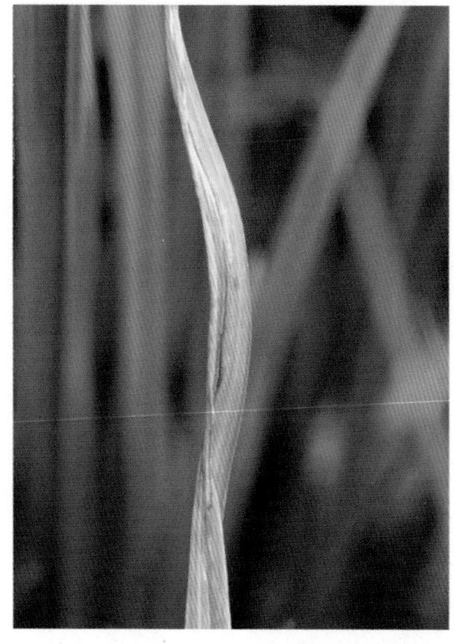

13. 水稻叶鞘腐败病

水稻叶鞘腐败病在长江流域及其以南稻区发生较多，尤以中稻及晚稻后期发生最为严重。杂交稻及其制种田发生普遍。病株秕谷率增加，千粒重下降，若出现枯孕穗，产量损失可达20%以上。

症状识别

幼苗染病，叶鞘上出现褐色病斑，边缘不明显。水稻孕穗期，剑叶叶鞘发病，病斑初为暗褐色小斑，边缘模糊。后来，小斑相互融合，形成云纹状病斑。病斑可继续扩展至叶鞘大部分，叶鞘内的幼穗，部分或全部枯死，成为枯孕穗。发病稍轻的病穗，则呈包颈的半抽穗状。潮湿时，病部着生粉状霉，剥开剑叶叶鞘，可以看见菌丝体及粉状霉。

病原

病原为稻帚枝霉*Sarocladium oryzae*（Sawada）W.Gams. et Webster，属半知菌亚门帚梗柱孢属。

传播途径

病菌以菌丝体和分生孢子在病稻种和病稻草上越冬。病菌可借气流或小昆虫、螨类等媒介传播，进行初侵染。种子带菌的，种子发芽后，病菌

从生长点侵入。发病后，病部形成分生孢子，从伤口、气孔或水孔等侵入，进行再侵染。

发生规律

孕穗期降雨多，或雾大露重的天气，有利于发病。早稻及易倒伏的品种，发病重。氮肥施用过量、过迟，或田间缺肥时，发病重。昆虫及螨类多的田块，易发病。田间湿度高，通透性差，发病重。

综合防治

（1）种子处理　播种前用1%石灰水浸种，早稻在10℃～15℃时浸种6天，晚稻在20℃～25℃时浸种1～2天。也可用40%多·酮可湿性粉剂250倍液浸种20～24小时，捞出洗净、催芽、播种。还可以用40%多菌灵胶悬剂250～500倍液，浸种24～48小时。

（2）农业防治　选用抗病品种。采取旱育稀植技术。配方施肥，避免偏施、过施氮肥，做到分期施肥，防止后期脱肥、早衰。沙性土要适当增施钾肥。浅水勤灌，适时晒田。

（3）化学防治　结合防治稻瘟病可兼治本病。必要时可喷洒50%苯菌灵可湿性粉剂1500倍液，或40%多·酮可湿性粉剂1000倍液。

14.水稻菌核秆腐病

水稻菌核秆腐病又称为水稻菌核病、秆腐病，主要是小黑菌核病和稻小球菌核病，两病单独或混合发生。我国各稻区均有发生。

症状识别

近水面叶鞘上生褐色小斑，后扩展为黑色纵向坏死线及黑色大斑，病斑上生有稀薄浅灰色霉层，病鞘内常有菌丝块。病斑继续扩展使茎基成段变黑软腐，病部呈灰白色或红褐色而腐朽。发病茎秆腔内充满灰白色菌丝和黑褐色小菌核。

病原

病原分别为小黑菌核病菌*Helminthosporium sigmoideum* var. *irregulare* Crall.et Tull.和小球菌核病菌*H. sigmoideum* Cav.。

传播途径

病菌以菌核在稻草、根茬、稻种中或散落在田间越冬，成为第二年侵染的主要病源。稻田灌水整地时，菌核漂浮在水面，插秧后附在近水面的稻株叶鞘上，在适宜的环境条件下，萌发长出菌丝，从叶鞘伤口或叶鞘表面侵入，在叶鞘组织内蔓延扩展形成病斑。水面的菌核也可直接产生分生孢子进行初侵染。病斑和水面上的菌核的表面可产生浅灰色的分生孢子层。分生孢子借灌溉水、气流、雨水和昆虫传播，引起再侵染，但主要以病健株接触短距离再侵染为主。

发生规律

单季晚稻较早稻，发病重。高秆品种较矮秆品种抗病，糯稻>籼稻>

粳稻。雨天多，日照少，昼夜温差大，利于病害发生。田间菌核数量多，则发病率高。长期灌水或深灌、排水不好的田块，发病重。中期烤田过度或后期脱水早或过早，发病重。氮肥施用过多、过迟，缺乏有机肥和磷钾肥或后期脱肥早衰，发病重。抽穗后易发病，虫害重伤口多，发病重。

十 综合防治

（1）农业防治　选用抗病、耐病品种。有条件的实行水旱轮作。插秧前打捞菌核。浅水勤灌，适时晒田，但要注意防止后期断水过早、过重。施足底肥，适当追肥，增施磷钾肥。病稻草要高温沤制或另行堆放。收割时要齐泥割稻。搞好虫害防治。在飞虱、叶蝉、螟虫等发生期适时用药，减少伤口。

（2）化学防治　在水稻拔节期和孕穗期，可喷施40%菌核净可湿性粉剂800倍液，或70%甲基硫菌灵可湿性粉剂1000倍液，或50%多菌灵可湿性粉剂800倍液，或50%腐霉利可湿性粉剂1500倍液，或50%乙烯菌核利可湿性粉剂1000～1500倍液。

15.水稻叶黑粉病

水稻叶黑粉病又称水稻叶黑肿病，在我国中部和南部稻区发生普遍。过去主要发生于晚稻后期中下部衰老叶片上，影响不大，但近年局部地区在杂交稻上发生普遍，明显影响稻株结实率和谷粒充实度。

症状识别

主要为害叶片，偶尔也侵害叶鞘及茎秆。在叶片上沿叶脉出现黑色短条状病斑，稍隆起，长1 ~ 4毫米，宽0.2 ~ 0.5毫米，线斑周围组织变黄。重病时叶片线斑密布，有的互相连合为小斑块，致叶片提早枯黄，甚至叶尖破裂成丝状。

病原

病原为稻叶黑粉菌*Entyloma oryzae* Syd.，属担子菌亚门叶黑粉菌属。

传播途径

病菌以冬孢子在病残体或病草上越冬。第二年夏季萌发，产生担孢子和次生担孢子，借风雨传播侵入叶片。

发生规律

土壤贫瘠尤其是缺磷、缺钾的田块，发病重。田边、路旁或营养不良的植株基部叶片易发病。早熟品种较晚熟品种，发病重。任何诱发植株生活力衰退的因素都有利于本病发生。

综合防治

（1）农业防治 选用抗病品种。妥善处理病草，避免病草回田作肥。加强肥水管理，适当增施磷、钾肥，防止后期早衰。

（2）化学防治 结合防治穗期多种病害，做好对稻瘟病、叶尖干枯病等病害的喷药预防，可兼治本病，一般情况下不必单独喷药防治。

16.水稻紫鞘病

水稻紫鞘病又称水稻褐鞘病、水稻紫秆病、水稻褐鞘症，俗称黑谷、不稳症等。广西、广东、湖南、湖北、安徽、江苏、浙江、江西、贵州等大部分稻区均有发生。发病植株稻穗结实率和千粒重明显下降，一般可减产10%～20%，严重时可达40%～50%。

症状识别

水稻孕穗期开始发病，灌浆期症状明显。幼苗期发病，叶片、叶鞘局部失绿，可见到无数针状紫褐色斑点，随后病斑穿透叶片，呈不规则状，外缘不明显，许多紫褐斑上下扩展，导致整张叶片枯焦内卷。成株期病斑先发生在低位叶鞘边缘，后蔓延到高位叶鞘，进而侵染剑叶叶鞘。初期症状为暗绿色水渍状，逐渐变为紫褐色，在维管束上连成细条斑，与薄壁组织上紫褐点联合形成小斑块，后期扩展成大斑块，边缘不规则。剑叶叶鞘感病后，变黄早衰，结实率和千粒重降低。抽穗时，如剑叶叶鞘感染，颖壳内外颖、小枝梗以及子房上也可见紫褐色病斑。

病原

病原为中华帚枝杆孢*Sarocladium sinense* Chen，Zhang et Fu.。

传播途径

病残体和带病种子是主要的初侵染源。侵入途径除了伤口外，主要从

水孔进入维管束组织，繁殖蔓延较快；其次通过气孔侵染薄壁组织，形成坏死斑点，蔓延较慢。初期具有明显的发病中心，先田边，后田中。

发生规律

南方6月下旬至7月中旬常是此病的盛发时期。高温多雨有利于病害发生。偏施氮肥，发病重。低洼田，以及水稻纹枯病发生重的田块，发病也重。

综合防治

（1）种子处理 播种前用1%石灰水浸种，也可用3%三氯异氰脲酸500倍液浸种。

（2）农业防治 选用抗病品种。避免偏施或迟施氮肥，增施磷、钾肥。冬季铲除田边、沟边杂草，及时翻埋再生稻和落粒自生稻，处理带病稻草、病谷。

（3）化学防治 抽穗初期喷洒50%苯菌灵可湿性粉剂1500倍液，也可用50%多菌灵可湿性粉剂30克，加5%井冈霉素水剂40毫升，对水35千克喷洒。

17.水稻叶尖枯病

水稻叶尖枯病又称水稻叶尖白枯病。长江中下游及华南地区均有发生。

症状识别

主要为害叶片，也可为害谷粒。叶片发病，初在叶尖或叶缘产生墨绿色病斑，后沿叶缘或中部向下扩展，形成灰褐色条斑，最后枯白。病健交界处有褐色条纹，叶尖易破裂成麻丝状。后期病斑组织里有内生或半内生的黑色小颗粒，即病原菌的分生孢子器。谷粒发病，初在颖壳上形成边缘深褐色斑点，后病斑中央变灰褐色，病谷秕瘦。

病原

病原为稻生茎点霉*Phoma oryzicola* Hara，属半知菌亚门茎点霉属。有性态为稻小陷壳*Tromatosphaella oryzae*（Miyake）Pawick，属子囊菌亚门。

传播途径

病菌以分生孢子器在病叶和病颖壳内越冬。老病区以病残体为最重要的初侵染菌源，稻种带菌率虽低，但对新病区传播病害起着重要作用。带菌杂草也是初侵染源之一。越冬分生孢子器遇适宜条件释放出分生孢子，借风雨传播至水稻叶片上，经叶片、叶缘或叶部中央伤口侵入。

发生规律

杂交稻发病最重，常规稻籼稻较轻，粳稻及糯稻很少发病。暴风雨是病害流行的关键因素。发病适温

25～28℃，低温、多雨、多台风有利于病害发生。暴风雨后，稻叶造成大量伤口，病害易大发生。拔节至孕穗期形成明显发病中心，灌浆初期出现第二个发病高峰。施氮过多、过迟，发病重，增施硅肥发病轻。分蘖后期不及时晒田，积水多，发病重。田间密度大，发病重。

综合防治

（1）种子处理　选用40%多菌灵胶悬剂 250倍液，或50%甲基硫菌灵可湿性粉剂500倍液，或40%多·酮超微粉剂 250倍液，浸种24小时。

（2）农业防治　选用抗病品种。栽培不可过密。增施有机肥和硅肥，注意氮磷钾合理搭配。适时烤田、适度晒田，控制无效分蘖，降低田间湿度。

（3）化学防治　以水稻破口抽穗到齐穗期，病丛率达30%以上时，喷洒40%多·酮超微粉剂1000倍液，或25%三唑酮可湿性粉剂1000倍液，或40%多菌灵胶悬剂1200倍液，或40%多·酮可湿性粉剂800倍液。

18. 水稻窄条斑病

水稻窄条斑病又称稻条叶枯病、褐条斑病、窄斑病。全国各稻区均有发生，南方地区普遍发生，部分地区发生严重。

症状识别

叶片和叶鞘发病最为普遍。植株下部的叶片先发病，逐渐向上蔓延。病叶上的病斑初为褐色小点，很快沿叶脉两端扩展成两端稍尖的短线状条斑，紫褐色至黑褐色，后期中央变成灰白色，边缘褐色。病斑多时，常几个病斑连成长条状，有时可长达数厘米。叶鞘受害，病斑初期与叶片病斑相似，但较大，多集中在叶片与叶鞘连接处，严重时多个病斑愈合成紫褐色斑块，常造成其上部叶片早枯。茎秆上病斑多在节间上部发生，呈狭长条状。穗部发病，初生暗色至褐色小点，略显紫色，发病严重时穗颈枯死。谷粒受害，多发生于护颖或谷粒表面，呈褐色小条斑。

病原

病原为稻尾孢*Cercospora oryzae* Miyake，属半知菌亚门尾孢属。有性态为稻亚球壳*Sphaerulina oryzae* Hara.，

属子囊菌亚门。

传播途径

病菌主要在病稻草上越冬，也可以在种子上越冬。病菌在稻种上可存活至第二年7月份。稻草上病菌因存放场所不同，存活力有较大差异，深埋于草塘或沤粪时仅存活5天。第二年在适宜条件下产生分生孢子，随风雨传播至稻田，由气孔或水孔侵入，引起发病。病株产生分生孢子进行再侵染。

发生规律

阴雨高温天气，有利于发病；生长后期受低温侵袭也可以加重发病。土壤施用有机质肥少，缺磷，长期深灌、烂田，土壤通气性差，发病重。水稻拔节期至抽穗期普遍发生。

综合防治

（1）农业防治　选用无病种子或进行种子处理，处理方法参见稻瘟病。病稻草集中处理。浅水勤灌，及时晒田，及时增施磷钾肥。

（2）化学防治　用1∶2∶100倍式波尔多液，抽穗前后喷2～3次。破口至齐穗期，喷洒50%多菌灵可湿性粉剂500倍液，或70%甲基硫菌灵可湿性粉剂800倍液，或50%苯莱特可湿性粉剂1000倍液。

19.水稻赤枯病

水稻赤枯病俗称熬苗、坐棵，是生理性病害。发病稻株常并发胡麻斑病，加重为害，延迟水稻生育期，严重时减产30%以上。

症状识别

受害植物矮小，分蘖少而小。根系呈深褐色，夹有黑根。以后枯死，拔起病株可见根部老化，呈赤褐色，软绵状，无弹性，有的变黑、腐烂，白根极少。上部叶片挺直，与茎夹角较小，病株嫩叶通常呈深绿色或暗绿色。稻株进入分蘖期后，老叶上呈现褐色小点或短条斑，边缘不明显，并自叶尖沿叶缘向下焦枯。到分蘖盛期，则在叶片上出现碎屑状褐点，进一步发展成不规则形，以后斑点增多、扩大，叶片多由叶尖向叶基部逐渐变黄褐色枯死。发病严重时，远望全田稻叶如火烧状。病株多从下部叶片呈现症状，逐渐向上叶发展，但新叶往往保持绿色。叶鞘发病和叶片相似，产生赤褐色至污褐色小斑点。

病原

该病是一种生理性病害，由多种因素综合造成，以缺钾和土壤环境不良为主要因素，在土质黏重、排水不良、耕作层糊烂的稻田，以及山区冷浸田，往往发病重。水稻插后遇气温骤降，持续时间较长，或突遇高温，引起水稻生理失调，发病也比较严重。

综合防治

改良土壤结构，增施磷、钾肥。采取水旱轮作，提高土壤通透性能。早稻移栽后要浅水勤灌、适时烤田。病田可每亩用硫酸锌1.5 ~ 2千克，兑水40千克，还可适当增施磷、钾肥。

二
水稻虫害

20. 褐飞虱

褐飞虱*Nilaparvata lugens*（Stal）属半翅目，飞虱科。全国各地均有分布。我国南方稻区晚稻穗期重要害虫。自20世纪60年代中后期以来，在长江流域及其以南稻区常暴发成灾。

为害症状

成、若虫群集于稻丛下部刺吸汁液；雌虫产卵时，用产卵器刺破叶鞘和叶片，易使稻株失水或感染菌核病。排泄物常招致霉菌滋生，影响水稻光合作用和呼吸作用，严重时使稻株干枯。俗称“冒穿”、“透顶”或“塌圈”。严重时颗粒无收。成、若虫还可传播水稻齿矮病毒等病毒。

形态特征

（1）成虫　长翅型成虫体长3.6～4.8毫米，体色分暗色与浅色两型。暗色型的头顶与前胸背板暗褐色，侧隆脊外侧黑褐色，额及颊暗褐色，前翅半透明带有褐色光泽，翅斑明显。胸部腹面及整个腹部暗黑色。浅色型全体黄褐色，仅胸部腹面及腹部背面色较深暗。短翅型雌成虫长约4毫米，雄

成虫约2.5毫米，体形短，腹部肥大，腹末顿圆，前雌端不超过腹部，后翅短小，雄虫后翅较雌虫更短，其余特征与长翅型相同。

（2）卵　长约1毫米，香蕉状，前端略细，后端较粗，初产时乳白色，后期变淡黄色，并出现红色眼点。

（3）若虫　共5龄。初龄若虫体灰黑色，2龄淡黄色，3～5龄为黄褐相嵌。初龄若虫体长1毫米左右，5龄若虫可达3毫米左右。

发生特点

（1）发生　由于各地迁入期及水稻栽培制度不同，繁殖代数不尽相同。每年春季我国大陆盛行西南气流，海南稻区乃至国外东南亚稻区虫源随西

南气流北迁，随着雨区北进，主降区依次向北推进。秋季随东北气流南迁到南亚热带以南终年繁殖区繁衍越冬。我国广大稻区主要虫源随每年春、夏暖湿气流由南向北迁入和推进，每年约有5次大的迁飞行动，秋季则从北向南回迁。海南每年发生12～13代，世代重叠常年繁殖，无越冬现象。广东、广西、福建南部每年发生8～9代，3～5月迁入；贵州南部6～7代，4～6月份迁入；赣江中下游、贵州、福建中北部、浙江南部5～6代，5～6月迁入；江西北部、湖北、湖南、浙江、四川东南部、江苏以及安徽南部4～5代，6～7月份上中旬迁入；苏北、皖北、鲁南2～3代，7～8月迁入；北纬35度以北的其他稻区1～2代，也于7～8月迁入。在稻丛冠层以下气温25℃左右、湿度80%以上对虫口发展比较有利。因此，盛夏不热、晚秋不冷、夏秋多雨是稻褐飞虱成灾的重要气候条件。田间阴湿，生产上偏施、过施氮肥，稻苗浓绿，密度大及长期灌深水，利其繁殖，受害重。

（2）习性　成虫对嫩绿水稻趋性明显，雄虫可行多次交配，24℃～27℃时，成虫羽化后2～3天开始交配，每雌平均产卵200～700粒，水稻生长期间各世代平均寿命10～18天，田间增殖倍数每代10～40倍。成、若虫密集刺吸稻丛下部组织，分泌唾液，

吸吮汁液。成虫在叶鞘、叶片等处产卵。2龄前食量小，抗逆力差。3龄后食量猛增、抗逆力增强。成、若虫喜阴湿环境，喜欢栖息在距水面10厘米以内的稻株上，田间虫口每丛高于0.4只时，出现不均匀分布，后期田间出现塌圈枯死现象。

综合防治

（1）农业防治　加强田间肥水管理，防止后期贪青徒长，适当烤田，降低田间湿度。因地制宜选用抗虫品种。

（2）化学防治　灌浆期平均每丛虫口10只以上，乳熟期虫口10～15只以上，腊熟期15～20只以上时，需喷药防治。药剂可选用25%优乐得可湿性粉剂2000倍液，20%噻嗪酮乳油800倍液，或14.5%吡虫·杀虫单微乳剂500倍液，或25%噻嗪酮可湿性粉剂1000倍液加40%毒死蜱乳油500倍液。此外，20%异丙威乳油500倍液也有一定的防治效果。

21.灰飞虱

灰飞虱*Laodelphax striatellua*（Fallen）属半翅目，飞虱科。全国各地均有分布。为害水稻，轻者减产20%～30%成，重者达五成以上，甚至颗粒无收。此外，灰飞虱还可传播水稻褐条矮缩病和条纹叶枯病。除水稻外，还可为害小麦、玉米、高粱、甘蔗、粟、稗、早熟禾、千金子、看麦娘等。

为害症状

成、若虫刺吸水稻等寄主汁液，引起黄叶或叶片枯死。

形态特征

（1）成虫　成虫长翅型体长（连翅）4～5毫米，短翅型体长2.4～2.6毫米，具翅斑。雄虫体黑褐色，雌虫淡黄色，头顶稍突出，额黑褐色。中胸背板雄虫为黑褐色，仅后缘淡黄色，雌虫则中部淡黄色，两侧色较深。

（2）卵　长椭圆形，稍弯曲。卵帽外露，在产卵痕内排列成念球状，卵条内卵粒成簇或双行排列。卵粒初产时为乳白色，半透明，孵化前出现紫红色眼点。

（3）若虫 灰褐色，腹部背面两侧色稍深，中央色浅淡。

发生特点

（1）发生 吉林每年发生4～5代，江苏、上海每年发生5～6代，浙江、四川每年发生6代，湖北每年发生6～7代，福建、广东、广西7～8代。3～4龄若虫在越冬寄主基部、枯叶下及土缝内等处越冬。在福建、两广、云南冬季可见3种虫态。主要为害秧田期和分蘖期的稻苗。灰飞虱在麦田中越冬，每年5月至6月初以二代高龄若虫及部分成虫迁入，5月25日前后播种的水稻秧田里为害，而直播稻的播期推迟到6月10日前后，到20日前后才见青，则避过了灰飞虱的迁入为害。冬季温暖干旱，越冬死亡少，越冬代成虫产卵多，往往引起第1代发生重。灰飞虱虫源广泛、虫量迅速积累，近年种群增长快，可形成较大虫灾。但一般在5～7月经几代虫口积累后，易在水稻受害敏感的穗期前后为害。冬季和早春天气平和，越冬死亡率低，灾变可能性大；初冬偏暖，继而长久低温，早春忽暖忽冷，越冬死亡率高，灾变可能性小。种植密度大，郁闭、透风透光不良的田块发生重。

（2）习性 成虫有明显趋嫩绿、茂密习性，长翅型成虫有趋光性。成虫产卵多在下午，卵产于叶鞘及叶片基部的中脉两侧。生长发育适温25℃左右，较耐低温，不耐高温。平均温度超过28℃时，成虫寿命明显缩短，平均气温30℃以上若虫发育缓慢，甚至引起滞育和死亡，长江中下游常在7月中下旬进入高温干旱季节，第3代死亡多，产卵少，第4代发生量少。越冬若虫3月出蛰取食麦苗和杂草，羽化后多为短翅型成虫，繁殖1代后产生长翅型成虫，迁移至棉田为害。

综合防治

参见褐飞虱。

22. 白背飞虱

白背飞虱*Sogatella furcifera*（Horvath）属半翅目，飞虱科。全国主要稻区均有发生。除为害水稻外，还可为害小麦、玉米、甘蔗、高粱、粟、茭白、稗、游草、看麦娘等。

为害症状

成虫和若虫刺吸汁液，为害轻者水稻下部叶片枯黄，千粒重降低，瘪谷率增加；为害重的稻田成团成片死秆倒伏。

形态特征

（1）成虫　成虫有长翅型和短翅型两种。长翅型连翅体长3.5 ~ 4.6毫米，短翅型连翅体长2.5 ~ 3.5毫米。头顶长方形，显著突出于复眼前方，小盾板中央姜黄色或黄白色，两侧为黑褐色，前翅淡黄褐色、透明，翅斑黑褐色。

（2）卵　形似香蕉，宽0.2毫米。初产时乳白色，后变黄色，并出现红色眼点，将孵化时眼点变为红褐色。卵帽高大于底宽，而端部渐细，卵块排列成行，每行有卵几粒至20多粒，产卵痕不外露或稍露出尖端。

（3）若虫　共5龄，体形近橄榄形。头尾较尖落水后后足向两侧平伸成“一”字形。有深浅2型。1龄若虫长1.1毫米，灰褐或灰白色，无翅芽，腹背有清晰的“丰”字形浅色斑纹；2龄若虫体长1.3毫米，灰褐或淡灰色，无翅芽，腹部背面中央也有一灰色“丰”字形斑纹；3龄若虫体长1.7

毫米，灰黑与乳白相嵌，胸部背面有灰黑色不规则斑纹，边缘清晰，翅芽明显出现；4龄若虫体长2.2毫米，前后翅芽长度近相等，斑纹清晰；5龄若虫体长2.9毫米，前翅芽超过后翅芽的尖端。

发生特点

（1）发生 我国南部和北部年有效积温差异很大，因此从南至北白背飞虱一年内发生世代数自11代到2代不等，南岭和西南稻区6～8代，长江中下游及江淮稻区4～5代，北方稻区2～3代，在安庆稻区每年发生4～5代。白背飞虱是一种温暖性害虫，除终年繁殖区外，其余地区的初始虫源，全部或主要由异地迁入。白背飞虱在我国每年春夏自南向北迁飞，秋季自北向南回迁。因此虫源迁入期、频次和虫量与白背飞虱发生程度关系极为密切。白背飞虱的迁入和迁出期一般比褐飞虱提早10～15天。主要为害水稻孕穗期。各地从始见虫源迁入到主害期，一般历期50～60天，主迁高峰迁入后10～20天或经繁殖1代后，即为主害代。田间第2代若虫为害高峰期，虫量大，与前期迁入量累积繁殖后，主害代即可成灾。在长江中下游水稻混作区的安庆稻区，水白背飞虱在8月中旬进入虫口高峰。在辽宁，白背飞虱在6月或7月初有1～2次迁入，在水稻营养生长期不形成灾害，7月末至8月期间是白背飞虱进入辽宁主迁期，此期间的天气状况决定成灾可能程度。白背飞虱发育的最适温度为22～28℃，相对湿度为80%～90%。成虫迁入期雨日多，降雨量较大，有利于降虫、产卵和若虫孵化。大龄若虫期天气干旱，可加重对稻株的为害。地势低洼、积水、氮肥过多的田块虫口密度最高。高肥田比低肥田稻飞虱虫口密度高2～3倍。栽培密度高、田间郁闭的田块发生重。

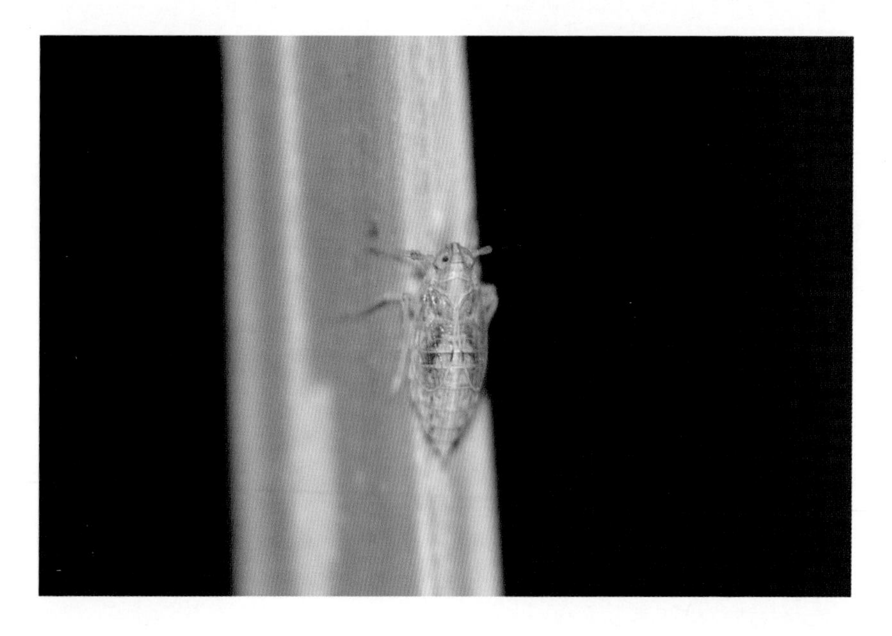

（2）习性 成虫有趋光性、趋绿性和迁飞特性。凡生长茂密、叶色浓绿，较荫湿的稻田虫量多。成虫多生活在稻丛基部叶鞘上，栖息部位比褐飞虱高。卵多产于叶鞘肥厚部分组织中，尤以下部第2叶鞘内较多。多生活在稻丛基部叶鞘上，栖息部位比褐飞虱高。3龄前若虫食量小，为害不大，4、5龄若虫食量大，为害严重。

综合防治

（1）农业防治 在稻飞虱发生期内，采用干干湿湿灌水方法比长期保水田虫量明显减少。水可调节肥料的供应，影响水稻长势，从而影响稻飞虱发生程度。降低种植密度，改善田间通风透光性，降低田间湿度。合理轮作可减少田间虫口基数，恶化稻田稻飞虱生长环境，是建立良好的稻田生态系的基础，如稻蔗轮作，早稻与晚薯轮作等。

（2）化学防治 药剂防治指标为，双季早稻每百丛1000 ～ 1500头，晚稻1500 ～ 2000头，黄熟期2500 ～ 3000头。药剂可选用0.36％苦参碱水剂1000倍液，或25％噻嗪·异丙威可湿性粉剂500倍液，或10％异丙威可湿性粉剂300倍液，或20％噻嗪酮乳油1000倍液，或10％吡虫啉可湿性粉剂1500倍液，或50％混灭威乳剂500倍液。

23.稻纵卷叶螟

稻纵卷叶螟*Cnaphalocrocis medinalis* Guen属鳞翅目，螟蛾科，俗称卷叶虫、白叶虫、刮叶虫、苞叶虫等，全国各稻区均有分布。幼虫取食水稻叶片，影响水稻发育，降低千粒重，一般减产10%～20%，严重达60%以上。除水稻外，还可为害麦类、粟、甘蔗、稗草、马唐、游草等。

为害症状

幼虫吐丝纵卷水稻叶片，藏匿其中取食叶肉，仅留表皮，形成白色条斑，严重时整田枯白。随虫体长大，不断将虫苞向前延长。虫苞是叶丝缀合两边的叶缘，向正面纵卷成筒状，也有少数将叶尖折向正面或只卷一边叶缘的。

形态特征

（1）成虫　体长8～9毫米，翅展18毫米，翅黄褐色，前翅有3条黑褐色条斑。雄蛾前翅前缘中央有1个突起的小黑点，黑点附近有暗褐色毛和黄褐色长毛，静止时前后翅斜展在背部两旁，雄蛾尾部举起。

（2）卵　扁平椭圆形，长1毫米，宽0.5毫米。初产时乳白色，卵壳表面有隆起网状纹。近孵化时淡黄色，眼点黑色。被寄生的卵赭红至紫黑色。

（3）幼虫　共5～6龄。初孵幼虫体长近1～2毫米，头黑色，体淡黄绿色。2龄虫头淡黄褐色，两边各有1个黑点，体黄绿至绿色，前胸背板有两个黑点。3龄体长5～6毫米，前胸背板有4个黑点，中、后胸背板各可见2个黑点。4龄体长8～9毫米，前胸背板的黑点外侧两个变成括弧状，中

后胸背面有8个小黑圈，前排6个后排2个，气门黑点状。5龄体长14毫米左右，气门黑点明显增大。老熟幼虫体长14 ~ 19毫米，头褐色，全体橘红色。腹足为单行三序缺环。预蛹时体橙黄色，体节膨胀。

（4）蛹 体长7 ~ 10毫米，圆筒形，尾部尖削，有8根臀棘。初为淡黄白色，渐变黄褐色，眼点红褐色褐色。翅纹明显可见，各腹节背面的后缘隆起，近前缘有两根棘毛排成两纵行。

发生特点

（1）发生 世代重叠发生，全国每年发生1 ~ 11代，分为5个大区：南海9 ~ 11代区、岭南6 ~ 8代区、江岭5 ~ 6代区、江淮4 ~ 5代区和北方2 ~ 3代区。1个世代历期1个月左右。每年春季，成虫随季风由南向北而来，随气流下沉和雨水拖带降落下来，成为非越冬地区的初始虫源。秋季，成虫随季风回迁到南方进行繁殖，以幼虫和蛹越冬。我国东半部春夏季自南向北有5次迁飞过程。主害代是迁入虫源时，常伴降雨过程，迁入蛾量大则大发生。本地虫源或部分迁入虫源时，雨量、雨日、温度、湿度等气候因素是影响大发生的主导因素。水稻分蘖至孕穗期，特别是氮肥多，稻叶嫩绿，郁蔽度大，灌水深的田块，发生重。

（2）习性 成虫白天多停伏在叶背，夜晚开始活动，有明显的趋光性和取食花蜜的习性。雌蛾的趋嫩绿选择产卵的特性，黄昏后7 ~ 12时产卵尤盛。卵散产于稻叶正背面和嫩叶鞘上。产卵量的多少取决于成虫羽化后有否取食花蜜作补充营养，一般1头雌蛾产卵40 ~ 50粒，多者可达150粒以上。成虫寿命6 ~ 17天，产卵期4 ~ 5

天。初孵幼虫多在稻苗心叶、嫩叶鞘内以及老虫苞和稻蓟马为害的卷叶尖里，啃食叶肉，呈小白点状。2龄幼虫啃食叶肉留皮，呈白色短条状，吐丝纵卷叶尖1.5 ~ 5毫米。3龄幼虫啃食叶肉呈白斑状，纵卷叶片虫苞长达10 ~ 15毫米。4龄以上幼虫暴食叶片，仅残留表皮。老熟幼虫在稻丛下部枯叶鞘内、枯黄叶片稻丛之间、老虫苞里、新鲜叶片和田边杂草丛间叠苞结茧化蛹，或在土隙缝中化蛹。

综合防治

（1）农业防治　选用抗虫、稻叶宽大质硬、表皮硅链排列紧密的品种；或稻叶窄细挺直、主脉粗硬、叶片色浅的品种；或稻叶表面刚毛长、成虫很少产卵的品种。加强肥水管理合理

施肥，适时适度烤田，促使水稻壮健叶挺，减轻为害。

（2）生物防治　稻纵卷叶螟寄生天敌对其控制作用比较突出，可以在发蛾盛期释放松毛虫赤眼蜂、澳洲赤眼蜂防治。

（3）化学防治　浙江化学防治指标为稻分蘖期百丛有虫20头，穗期百丛15头。江苏防治指标为稻分蘖期百丛15头，穗期百丛10头，乳熟期百丛30头，杂交稻百丛20 ~ 30头。安徽以产量允许损失率2%为依据，稻分蘖期百丛50 ~ 60头，孕穗期百丛30头，穗期百丛35头。以幼虫3龄前喷洒，效果最好。可以用每克含活孢子150亿以上的青虫菌Bt制剂150 ~ 200克/亩，或55%杀·苏可湿性粉剂1000倍液，或20%抑食肼可湿性粉剂2000倍液，25%喹硫磷乳油1000倍液，或40%毒死蜱乳油1000倍液，或10%吡虫啉可湿性粉剂2000倍液，或50%杀虫双可溶性粉剂 700倍液，或80%杀虫单可溶性粉剂 1000倍液。

24.二化螟

二化螟*Chilo suppressalis*（Walker）属鳞翅目，螟蛾科，又称蛀心虫、蛀秆虫、枯心虫。在南北稻区普遍发生，是我国水稻主要害虫之一。一般年份因二化螟为害造成减产3%～5%，严重时减产达30%以上。近年来，全国各地水稻二化螟的发生均呈上升趋势。可为害水稻、茭白、玉米、甘蔗、小米、芦苇、蚕豆、油菜等。

为害症状

以幼虫为害水稻，初孵幼虫群集叶鞘内为害，造成枯鞘，2龄以后幼虫蛀入稻株内为害，水稻分蘖期造成枯心苗，孕穗期造成死孕穗，抽穗起造成白穗，成熟期造成虫伤株。

形态特征

（1）成虫　雄蛾体长10～12毫米，翅展20毫米，头、胸部背面淡褐色，复眼黑色或淡黑色，下唇须向前伸，前翅近长方形，黄褐色或灰褐色，翅面散布褐色小黑点，中室顶端有紫黑色斑点1个，其下方有斜行排列的同色斑点3个，外缘有7个小黑点。后翅白色，近外缘渐带淡黄褐色。雌蛾体长12～15毫米，翅展25毫米。头、胸部背面及前翅为黄褐或淡黄褐色，翅面小黑点很少，无紫色斑点，外缘也有7个小黑点。后翅白色，有绢丝状反光。

（2）卵　扁平，椭圆形，宽约0.5毫米。初产为乳白色，渐变为乳黄色、黑褐色、灰黑色。卵块大多数呈长椭圆形，由数粒至数百粒卵粒组成，排

列呈鱼鳞状。

（3）幼虫　多为6龄，也有5龄或7龄，极少为8龄。老熟幼虫淡褐色，体长19 ~ 25毫米，体背有5条褐色纵线。

（4）蛹　毫米，圆筒形，初化时为淡黄褐色，腹部背面尚有5条棕色纵纹，以后变为棕褐色，纵纹渐消失。后足不超过翅芽顶端。臀刺扁平，有1对刺毛，背面有2个角质的小突起。

㊉ 发生特点

（1）发生　从北至南每年发生1 ~ 5代。以2 ~ 6龄幼虫在稻桩、稻草、茭白、三棱草及杂草中越冬。春季在稻桩中越冬的未成熟幼虫（4 ~ 5龄），春暖后能侵入蚕豆、油菜、紫云英、大小麦等植株为害。越冬代发生早迟，取决于3、4月温度的高低。若早春气温回升快，不仅使在绿肥留种田内的能全部羽化，而在绿肥田稻桩内也能安全化蛹羽化，提高了越冬羽化基数。越冬代发生早，也促使1、2代发生早，提高了二代在早稻收获前的羽化率。二化螟在大田化蛹时期如遇上台风暴雨受淹，则能大量淹死螟蛾，减少下代发生量。夏季高温，特别是水温超过30℃以上，对二化螟发育不利。7月

至8月阴雨天多，气温偏低，易出现二代螟虫灾；秋季晚稻收获前多雨，往往使越冬二化螟下移缓慢，结果稻草中越冬二化螟比例大，反之则少。在三熟制地区，由于春花面积扩大，增加了越冬虫源田，加上迟熟早稻的扩大，有利于提高二代二化螟的有效率，随着早稻插秧季节的提早，有利于二化螟的侵入和成活。在秧田、本田并存条件下，本田产卵多于秧田、本田的卵块密度，一般稀植高于密植，大苗高于小苗。在水稻生长后期与螟蛾发生期相遇时，成熟越迟的产卵越多。抛秧稻在整个生育期基本不伤根叶，秧苗始终保持嫩绿，螟害偏早、偏重。一般籼稻重于粳稻，特别是杂交稻，叶宽秆粗着卵量大，为害重。

（2）习性　在芦苇、茭白中越冬的幼虫羽化成的蛾子发生最早，稻桩中次之，再次为春花植株的，稻草中的发生最迟。成虫白天潜伏于稻丛基部及杂草中，夜间活动，趋光性强。成虫羽化后当晚或次晚交配，可交配数次。卵多产在叶色浓绿及茎秆粗壮的稻株上。在水稻苗期卵块多数产在叶片上，圆秆拔节后大多产在叶鞘上。每雌可产卵2～3块，卵块有卵40～80粒，每雌可产卵100～200多粒。初孵幼虫先侵入叶鞘中为害，受害处出现水渍状黄枯，造成枯鞘，到2、3龄后才蛀入茎秆，造成枯心苗、白穗和虫伤株。幼虫3～4月份化蛹，幼虫老熟后转在叶鞘或稻茎内结薄茧化蛹。在温度20～30℃之间，湿度在70%以上，有利于幼虫发育。

综合防治

（1）农业防治　切实处理好越冬

期间未处理完的稻桩和其他寄主残株，破坏其越冬场所，压低越冬虫源。施用硅肥后水稻抗性提高，对二化螟有一定预防效果。在老熟幼虫和初蛹期，放干田水，降低二化螟化蛹位置，后灌水15毫米浸田，杀蛹效果良好。水稻收获后，将稻桩及时翻入泥下，灌满田水，幼虫死亡率很高。

（2）化学防治　根据水稻二化螟发生规律，可采取“狠治一代、巧治二代、兼治三代”的防治策略。防治关键在于抓好合理冬作安排，保护天敌、减轻虫源等农业防治和生物防治的基础上，抓适期抓指标做好药剂防治。防治适期一般掌握在卵孵高峰期后5 ～ 7天。药剂防治参见水稻三化螟。此外，还可以选喷50％杀螟硫磷乳油1000倍液，或1.8％阿维菌素乳油3000 ～ 4000倍液。

25.大螟

大螟*Sesamia inferens*（Walker）属鳞翅目，夜蛾科。全国各稻区均有分布，长江以南发生偏重。可为害水稻、麦类、高粱、玉米、甘蔗、谷子、茭白、蚕豆、油菜、向日葵、李氏禾等。

为害症状

基本同二化螟。但大螟为害造成的枯心苗，蛀孔大、孔外虫粪多，且大部分不在稻茎内，多夹在叶鞘和茎秆之间，受害稻茎的叶片、叶鞘部都变为黄色。

形态特征

（1）成虫　体长12～15毫米，翅展27毫米，雌蛾身体较大。头胸部灰黑色，腹部淡褐色，前翅近长方形，淡灰褐色，外缘色深，从翅基到外缘有一条暗褐色纵线纹，条纹上下各有两个小黑点。雄蛾触角栉齿状，雌蛾为丝状。

（2）卵　呈扁球形，顶部稍凹，高约0.3毫米，表面有放射状细隆线。初产时白色，后变为淡黄色，再变淡红色，卵化前变为灰褐色。卵粒在叶鞘内侧，呈带状排成2～3行或散生。

（3）幼虫　一般5龄，少数6～7龄。3龄前胸背面鲜黄色，3龄紫红色。趾钩单序在内侧排成半环。

（4）蛹　雄蛹体长13～14毫米，

雌蛹15毫米。初为淡黄色，后变黄褐色，背面颜色较深，头胸部有白粉状分泌物。2 ~ 7腹节除近后缘处，均有黑褐色圆形小刻点，臀基明显黑色，在背面和腹面各有2个小型角质突起。

发生特点

（1）发生　云贵高原每年发生2 ~ 3代，江苏、浙江每年发生3 ~ 4代，江西、湖南、湖北、四川每年发生4代，福建、广西及云南开远每年发生4 ~ 5代，广东南部、台湾每年发生6 ~ 8代。北方地区有部分幼虫在稻桩及其他寄主残株和杂草中越冬，大部分幼虫冬季继续为害小麦、甘蔗等。江浙一带第1代幼虫于5月中下旬盛发，主要为害茭白，7月中下旬2代幼虫期和8月下旬3代幼虫主要为害水稻。大螟发生程度与耕作制度有密切关系，凡杂交水稻面积大及大面积

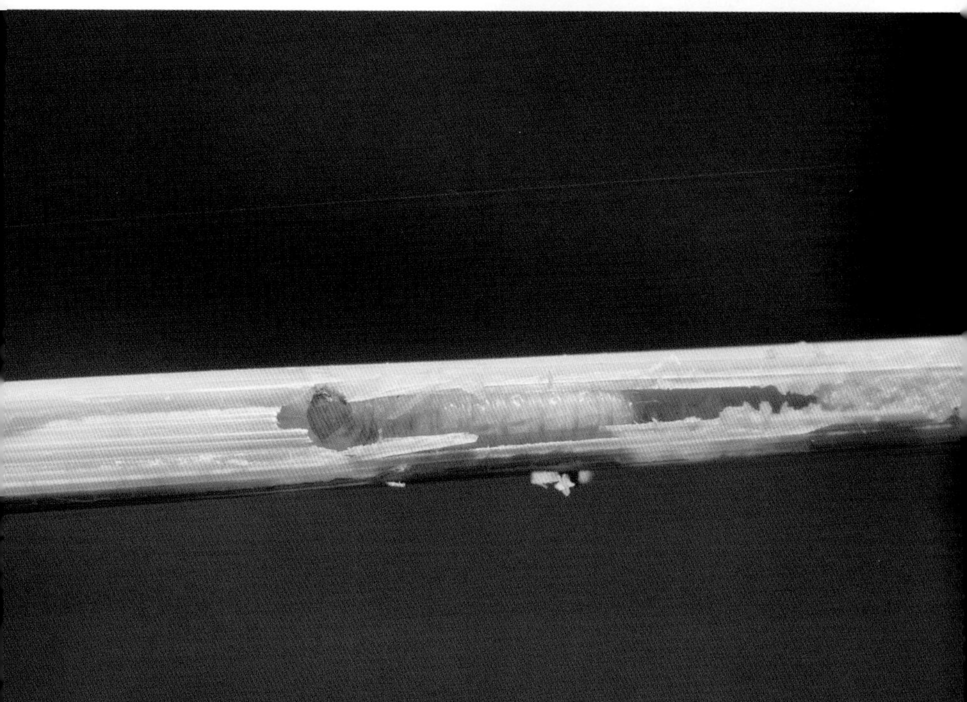

种高粱、玉米、粟等稻区，发生比较严重，山区旱作多，淀湖区菱白、杂草多，大螟发生都重。茭白与水稻插花种植地区，该虫在两寄主间转移为害受害重。浙北、苏南单季稻茭白区，越冬代羽化后尚未栽植水稻，则集中为害茭白，尤其是田边受害重。

（2）习性　成虫飞翔力弱，常栖息在株间。成虫多在夜间活动，趋光性不强，有趋向田边产卵的习性，每只雌蛾约产卵4 ～ 5块，每块有卵30 ～ 60粒，第1代卵多产于田边杂草上或茎秆较细的玉米上，第2代卵多产于早稻田，第3代卵多产于晚稻田，尤其是在晚稻田的稗草上，一般占总卵量的80％左右。卵历期1代为12天，2 ～ 3代为5 ～ 6天。幼虫孵化后集中在叶鞘内侧食害，把叶鞘内层吃光后钻进心部造成枯心，3龄后分散蛀茎，每头幼虫能转移4 ～ 5株水稻，幼虫老熟后在叶鞘间或茎内化蛹。蛹期为10 ～ 15天。

综合防治

根据大螟趋性，早栽早发的早稻、杂交稻以及大螟产卵期正处在孕穗至抽穗或植株高大的稻田是化防之重点。防治策略狠治一代，重点防治稻田边行。

（1）农业防治　冬春期间铲除田边杂草，消灭其中越冬幼虫和蛹。有茭白的地区冬季或早春齐泥割除茭白残株，铲除田边杂草，消灭越冬螟虫。卵盛孵前，清除稗草和田边杂草。早稻收割后及时翻耕沤田。早玉米收获

后及时清除遗株，消灭其中幼虫和蛹。有茭白大的地区，茭白是主要越冬虫源，应在早春前齐泥割去残株。

（2）化学防治　生产上当枯鞘率达5%或始见枯心苗为害状时，大部分幼虫处在1～2龄阶段，及时喷药防治。隔5～7天喷1次，一般防治2～3次即可。药剂可选用40%吡虫啉可湿性粉剂500倍液，或55%杀·苏可湿性粉剂1000倍液，或50%杀虫双可溶性粉剂1000倍液，或25%硫双威乳油3000倍液。

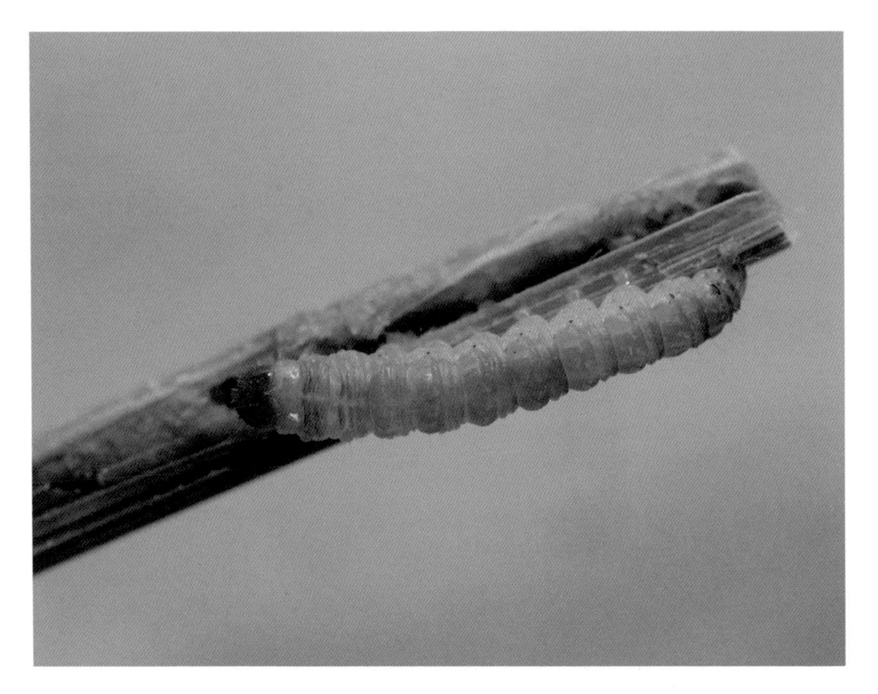

26. 三化螟

三化螟*Tryporyza incertulas*（Walker）属鳞翅目，螟蛾科，俗称钻心虫、白穗虫。常和二化螟、大螟一起被统称为水稻螟虫、水稻钻心虫。国内分布在14℃年等温线的山东莱阳和烟台、河南辉县、安徽宿县、陕西武功一线以南、四川西昌以东，主要集中在淮河以南稻区。为害水稻。

为害症状

幼虫钻蛀稻茎，引起水稻枯心、枯孕穗、白穗，转株为害还形成虫伤株。“枯心苗”及“白穗”是其为害后的主要症状。

形态特征

（1）成虫　雄蛾体长8 ~ 9毫米，头、胸部背面和前翅淡灰褐色。前翅三角形，中央具1小黑点，翅尖至内缘中央有1条暗褐色斜纹，沿外缘有7个小黑点，后翅灰白色，腹部细瘦，末端尖，无茸毛。雌体长10 ~ 13毫米，翅展23毫米，体淡黄色或黄白色。前翅中央有一个很明显的小黑点，后翅白色，腹部较肥大，末端长有棕褐色茸毛。

（2）卵　块长椭圆形，中央稍隆起，由数十粒至100多粒分层黏叠而成，上面盖黄褐色茸毛。常因相互挤在一起而呈不规则的四角形或五角形，初产时乳白色，后转为黄白、黄褐色，

孵化时变为灰黑色。

（3）幼虫　一般4 ~ 5龄，个别6龄。初孵幼虫灰黑色，为1龄，也叫蚁螟。2龄，头黄褐色，体暗黄白色，头壳后部至中胸间可透见一对纺锤形灰白色斑纹。3龄，体黄白色或淡黄绿色，体背中央有一条半透明的纵线，前胸背面后半部有一对淡褐色扇形斑。4龄，前胸背板后缘有一对新月形斑，头壳宽1毫米以下。5龄，新月形斑与4龄相似，老熟幼虫体长21毫米、腹足退化，趾钩单序全环。④蛹。圆筒形，黄色，外包白薄茧。近羽化时雌性为金黄色，雄性为银白色，雌蛹腹末圆钝，后足伸达第5腹节或略长，雄蛹腹末较瘦，后足伸达第7至第8腹节。

发生特点

（1）发生　贵州及四川西昌地区每年发生2代，四川西北部、江苏、安徽的北部和河南的南部3代；江苏南京、上海、浙江嘉兴，四川东部和南部，江西、湖南北部年发生3 ~ 4代；福建南部，江西南部和湖南南部年发生4 ~ 5代；广东雷州半岛5代；海南岛大部分年发生6代，南部少数县7代；台湾每年发生6 ~ 7代；南亚热带10 ~ 12代。各地主要以老熟幼虫在稻桩中越冬，次年春季气温回升到16℃以上时开始化蛹。化蛹前先在稻茎基部咬一个羽化孔并吐丝封盖，羽化时顶破封盖物向外爬出。也有少数幼虫在稻草内越冬。早春气温高，气温回升早，发育速度快，发生期提早，其各代相应提早。越冬幼虫在开始发育和化蛹期，若遇降雨时间长和降雨量大死亡率高，相反干旱年份越冬死亡率低，第1代发生量大。幼虫侵入为害与水稻的生育阶段关系密切。不同的生育阶段对螟虫的侵入率影响很大，秧苗期和圆秆期的稻苗不易被侵入为

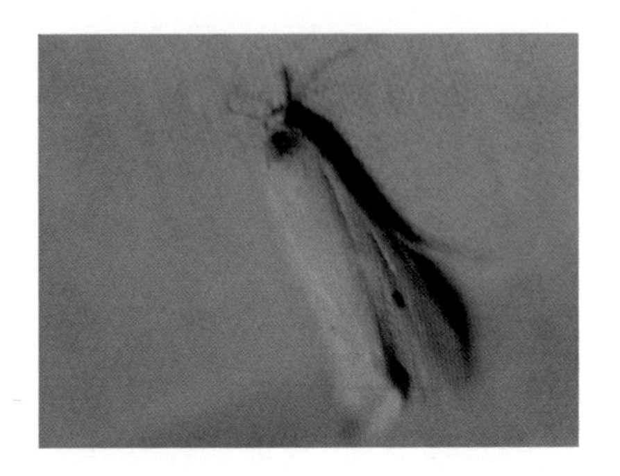

害，侵入率10%～19%，分蘖期和怀苞抽穗期最易受害，侵入率最高可达75%左右。在一个地区内螟虫发生消长受当地耕作制度的影响，由于各地区耕作制度的不断变化，各地三化螟的发生为害也不断变化。

（2）习性　成虫爬出孔后经10分钟左右便可飞翔。成虫特别是雄蛾白天多潜伏在稻株下部，夜间活动，趋光性强。成虫羽化后温度在20℃以上，第2天晚上开始产卵，并多产于深夜。产卵具有趋嫩性，各代产卵以倒二叶为主。有风天产在下部或叶鞘部位。每只雌虫产卵1～5块。卵块几乎均产在水稻叶片上，叶鞘上很难查见。卵块以叶面着卵为多，反面较少。蚁螟孵化后从卵块正面或底面咬孔爬出，爬至叶尖吐丝下垂，借风扩散至附近稻株，然后爬至适当部位蛀孔侵入，也有的蚁螟直接爬进叶鞘内。

综合防治

防治策略是主控虫源，重治秧田、桥梁田，挑治二代大田。

（1）农业防治　选用抗品种，如中抗品种有镇稻2号。冬闲田冬前翻耕浸田，以减少越冬虫源。免耕田春季灌水淹蛹。掌握在化蛹期（常年在4月下旬），灌水淹蛹控虫，以压低主要虫源田有效虫口。调整栽播期，一季稻大面积移栽期尽可能调至一代蚁螟盛孵期，这时栽插，能致60%蚁螟死亡。或调整播期使大面积一季中稻在8月15日前齐穗，单季晚稻在8月底破口，以避开三代三化螟卵孵盛期，减轻为

害。根据预测预报，在一代化蛹期灌水淹蛹，能致大量蛹死亡，控虫效果十分明显。灌水深度保持在10厘米以上，淹水时间要求在1周左右。拔除白穗株。在白穗初现，大量幼虫还在植株上部为害时连根拔除白穗株，既防止幼虫的转株为害，又可减少虫源。齐泥割稻能直接杀死部分幼虫，破坏幼虫的越冬场所，提高越冬死亡率。

（2）物理防治　利用频振灯诱集成虫应掌握在发蛾始盛期开始开灯，诱杀成虫。

（3）化学防治　狠治一代秧田，挑治二代大田，重治三代卵孵盛期与破口期相遇的单季晚稻和早栽双季晚稻。卵孵化始盛期，当枯心团大于60个/亩，应立即用药，在30 ~ 60个/亩的可推迟到孵化高峰时用药，到孵化高峰仍未达30个/亩可只挑治枯心团，或在卵孵盛期内对大肚10%到抽穗80%的田块达到5% ~ 10%破口露穗时用药防治。药剂可选用55%杀·苏可湿性粉剂1500倍液，或40%螟施净乳油300倍液。喷药时应保持田间有3 ~ 5厘米深的水，并保持3 ~ 5天。也可在始见枯鞘或枯心时用40%螟施净乳油800倍液喷雾，破口抽穗期700倍液喷雾。毒死蜱单剂和毒死蜱与杀虫双混剂也有很好的防治效果，推荐用量48%毒死蜱乳油30 ~ 40毫升/亩，或48%毒死蜱乳油20毫升/亩加18%杀虫双水剂150毫升/亩，对水50千克喷雾。

27. 中华稻蝗

中华稻蝗*Oxya chinensis*（Thunberg）属直翅目，蝗科。国内各稻区几乎均有分布，以长江流域和黄淮稻区发生较重。为害水稻、玉米、高粱、棉花、豆类及芦苇等禾本科和莎草科植物。

为害症状

成虫、若虫取食水稻叶片，轻者吃成缺刻，重者全叶吃光。也可为害穗颈和谷粒，形成白穗和秕谷、缺粒。

形态特征

（1）成虫　体长15 ~ 33毫米，雌虫19 ~ 40毫米，黄绿、褐绿、绿色，前翅前缘绿色，余淡褐色，头宽大，卵圆形，头顶向前伸，颜面隆起宽，两侧缘近平行，具纵沟。复眼卵圆形，触角丝状，前胸背板后横沟位于中部之后，前胸腹板突圆锥形，略向后倾斜，翅长超过后足腿节末端。雄虫尾端近圆锥形，肛上板短三角形，平滑无侧沟，顶端呈锐角。雌虫腹部第2 ~ 3节背板侧面的后下角呈刺状，有的第3节不明显。产卵瓣长，上下瓣大，外缘具细齿。

（2）卵　卵长约3.5毫米，宽1毫

米，长圆筒形，中间略弯，深黄色。卵囊为茄形，宽约8毫米，深褐色。卵囊表面为膜质，顶部有卵囊盖。囊内有上、下两层排列不规则的卵粒，卵粒间填以泡沫状胶质物。

（3）若虫　若虫一般为6龄，少数5龄或7龄。6龄若虫体长23.5 ~ 30毫米，触角24 ~ 27节，翅芽向背面翻折，伸达腹部第1 ~ 2节；老龄蝗蝻体呈绿色，体长约32毫米，触角26 ~ 29节，前胸背板后伸，较头部为长，两翅芽已伸达腹部第3节中间，后足胫节有刺10对，末端具有2对叶状粗刺，产卵管背腹瓣明显。

发生特点

（1）发生　北方每年发生1代，南方每年发生2代。各地均以卵块在田埂、荒滩、堤坝等土中1.5毫米深处或杂草根际、稻茬株间越冬。在江苏，越冬卵于5月中下旬陆续孵化，6月初至8月中旬田间各龄若虫重叠发生。7月中旬至8月中旬羽化为成虫，9月中下旬为成虫产卵盛期，9月下旬至11月初成虫陆续死亡。一般沿湖、沿渠、低洼地区发生重于高坂稻田，早稻田重于晚稻，晚稻秧田重于本田，田埂边重于田中间。单双季稻混栽区，随着早稻收获，单季稻和双晚秧田常集中受害。

（2）习性　成虫多在早晨羽化，在性成熟前活动频繁，飞翔力强，以上午8 ~ 10时和下午16 ~ 19时活动最盛。对白光和紫光有明显趋性。刚羽化的成虫须经10多天后才达到卵巢完全发育的性成熟期，并进行交尾。成虫可多次交尾，交尾时间可持续

3～12小时，交尾时多在晴天，以午后最盛。交尾时雌虫仍可活动和取食。成虫交尾后经20～30天产卵，产卵环境以湿度适中、土质松软的田埂两侧最为适宜。每头雌成虫平均产卵4.9块，每卵囊平均有卵33粒。成虫嗜食禾本科和莎草科植物。低龄若虫在孵化后有群集生活习性，就近取食田埂、沟渠、田间道边的禾本科杂草，3龄以后开始分散，迁入田边稻苗，4、5龄若虫可扩散到全田为害。

➕ 综合防治

（1）农业防治　消灭越冬虫源，减少向本田迁移的基数。秋冬季修整渠沟、铲除草皮，春季平整田埂、除草，可大量减少越冬虫源。在稻蝗1、2龄期，重点对田间地头、沟渠及周围荒地杂草及时进行防治，以压低虫口密度，减少稻蝗迁移本田基数。

（2）生物防治　抓住3龄前防治适期，用蝗虫微孢子虫以15亿个孢子/亩的浓度进行防治。蝗虫微孢子虫是一种单细胞原生动物，为蝗虫的专性寄生物，可引起许多种蝗虫感病，对天敌昆虫、人、畜、禽均安全。蝗虫感病后可明显影响其取食量、活动能力、雌虫产卵量、卵孵化率等，经口传播后在蝗虫种群内流行，还可经卵传至下一代，长期控制蝗害。

（3）化学防治　抓住蝗蝻未扩散前集中在田埂、地头、沟渠边等杂草上以及蝗蝻扩散前期大田田边5米范围内稻苗上的有利时机，及时用药。稻田防治指标为平均每丛有蝗蝻1头。应注意在若虫3龄前进行。药剂可选用20%甲氰菊酯乳油4000倍液，或20%

氰戊菊酯乳油4000倍液，或2.5%溴氰菊酯乳油4000倍液，或2.5%三氟氯氰菊酯菊酯乳油4000倍液，或90%敌百虫700倍液，或25%杀虫双水剂600倍液。如果蝗蝻已达3龄，并且虫口密度已达到每平方米30头以上时，可采用5%氟虫脲乳油与蝗虫微孢子虫协调喷施，以喷施面积3:1的比例进行防治即以稻田两渠埂间稻田为1个条带，用3个条带稻田喷施氟虫脲，施用量为70毫升/亩，1个条带稻田喷施蝗虫微孢子虫，用量为20亿个孢子/亩，以此重复间隔喷施。

28. 稻蓟马

稻蓟马 *Stenchaetothrips biformis*（Bagnall）属缨翅目，蓟马科，又称稻直鬃蓟马；俗称灰虫。国内各主要稻区均有发生，南方稻区普遍发生。为害水稻、大麦、小麦、玉米、甘蔗、看麦娘、游草、双穗雀稗等禾本科植物。

为害症状

成虫和若虫以口器磨破稻叶表皮，吸食汁液，被害叶上出现黄白色小斑点或微孔，叶尖枯黄卷缩，严重时可使成片秧苗发黄发红，状如火烧。稻苗严重受害时，影响稻株返青和分蘖生长受阻，稻苗坐兜。花器受害，影响受粉结实，有的造成空壳。

形态特征

（1）成虫　体长1 ~ 1.3毫米，雌虫略大于雄虫。初羽化时体色为褐色，1 ~ 2天后，为深褐色至黑色。头近正方形，触角鞭状7节，第6节至第7节与体同色，其余各节均黄褐色。复眼黑色，两复眼间有3个单眼，呈三角形排列。前胸背板发达，明显长于头部，或约于头长相等。雄成虫腹部3 ~ 7节腹板具腺域，雌成虫第8、9腹节有锯齿状产卵器。

（2）卵　肾形，长约0.2毫米，宽约0.1毫米，初产白色透明，后变淡黄色，半透明，孵化前可透见红色眼点。

（3）若虫　共4龄。初孵时体长0.3 ~ 0.5毫米，白色透明。触角直伸头前方，触角念珠状，第4节特别膨

大。复眼红色，无单眼及翅芽。2龄若虫体长0.6 ~ 1.2毫米，淡黄绿色，复眼褐色。3龄若虫又称前蛹，体长0.8 ~ 1.2毫米，淡黄色，触角分向两边，单眼模糊，翅芽始现，复部显著膨大。4龄又称蛹，体长0.8 ~ 1.3毫米，淡褐色，触角向后翻，在头部与前胸背面可见单眼3个，翅芽伸长达腹部5 ~ 7节。

发生特点

（1）发生　江苏每年发生9 ~ 11代，安徽11代，浙江10 ~ 12代，福建中部约15代，广东中、南部15代以上。稻蓟马生活周期短，发生代数多，世代重叠，田间发生世代较难划分。成虫在茭白、麦类、李氏禾、看麦娘等禾本科植物上越冬。翌年3 ~ 4月份，成虫先在杂草上活动繁殖，然后迁移到水稻秧田繁殖为害。主要在水稻生长前期为害。迁移代成虫于5月中旬前后在早稻本田，早播中稻秧田产卵繁殖为害，二代成虫于6月上中旬迁入迟栽早稻本田或单季中稻秧、本田和晚稻秧田产卵为害。江淮地区一般于4月中旬起虫口数量呈直线上升，5、6月份达最高虫口密度。7月中旬以后因受高温（平均气温28℃以上）影响和稻叶不适蓟马取食为害，虫口受到抑制，数量迅速下降。冬季气候温暖，有利于稻蓟马的越冬和提早繁殖。在6月初到7月上旬，凡阴雨日多、气温维持在22 ~ 23℃的天数长，稻蓟马就会大发生。早稻穗期受害重于晚稻穗期，以盛花期侵入的虫数较多，次为初花期或谢花期，灌浆期最少。双晚秧田，尤其是双晚直播田因叶嫩多汁，易受蓟马集中为害。秧苗三叶期以后，本田自返青至分蘖期是稻蓟马的严重为害期。如稻后种植绿肥和油菜，将为稻蓟马提供充足的食源和越冬场所，小麦面积较大的地方，稻蓟马的为害就有加重的可能。

（2）习性　成虫白天多隐藏在纵卷的叶尖或心叶内，有的潜伏于叶鞘

内，早晨、黄昏或阴天多在叶上活动，爬行迅速，受震动后常展翅飞去，有一定迁飞能力，能随气流扩散。雄成虫寿命短，只有几天；雌成虫寿命长，为害季节中多在20天以上。雌虫羽化后经过1 ~ 3天开始产卵，产卵期10 ~ 20天，一般在羽化后3 ~ 6天产卵最多，在适宜的温湿环境下，1头雌虫一生可产卵100粒左右；雌成虫可以进行孤雌生殖，孤雌生殖的产卵量与两性生殖相似。雌成虫有明显趋嫩绿秧苗产卵的习性，在秧田中，一般在2、3叶期以上的秧苗上产卵。雌虫产卵时把产卵器插入稻叶表皮下，散产于叶片表皮下的脉间组织内，对光可看到针孔大小边缘光滑的半透明卵粒。多在晚上7 ~ 9时孵出，3 ~ 5分钟离开壳体，活泼地在叶片上爬行，数分钟后即能取食，1、2龄若虫是取食为害的主要阶段，多聚集中叶耳、叶舌处，特别是在卷针状的心叶内隐匿取食；3龄若虫行动呆滞，取食变缓，此时多集中在叶尖部分，使秧叶自尖起纵卷变黄。因此，大量叶尖纵卷变黄，预兆着3、4龄若虫激增，成虫将盛发。

综合防治

（1）农业防治　冬春期间结合积肥，铲除田边、沟边、塘边杂草，清除田埂地旁的枯枝落叶，特别要做好清除秧田附近的游草及其他禾本科杂草。合理应用栽培技术，培育和移栽壮秧，以缩短受害危险期。

（2）化学防治　药剂防治的策略

是狠抓秧田，巧抓大田，主防若虫，兼防成虫。待种芽破胸后，将种芽洗净晾干，然后装入袋中，按种子重量1%的剂量加入35%硫双威种子处理剂，来回翻转使之均匀附于种子表面，可防治稻蓟马、叶蝉等害虫，防效期30天。或在播前3天用10%吡虫啉可湿性粉剂300克/亩，加浸种灵和施宝克各30毫升/亩，对水200千克浸种60小时后催芽播种，对苗期稻蓟马防效可达95%以上，药效期长达30天左右。幼虫盛发期可喷洒10%吡虫啉可湿性粉剂2500倍液，或10%溴虫腈乳油2000倍液，或2.5%氟氯氰菊酯乳油2000 ~ 2500倍液，或90%敌百虫晶体1500倍液。

29.黑尾叶蝉

黑尾叶蝉*Nephotettix bipunctatus*（Fabricius）属半翅目，叶蝉科，又称黑尾浮尘子。全国各地均有分布，而以江西、江苏、安徽、浙江、湖南、湖北、福建、广东、广西、四川、贵州等地发生较多，是国内稻区的重要害虫，除直接为害水稻外，还可传播水稻普通矮缩病、黄矮病和黄萎病等。

为害症状

成虫和若虫均能为害水稻，若虫主要群集水稻茎秆基部，用针状口器刺吸营养液，破坏输导组织，呈现许多棕褐色斑点，影响稻株正常生长，严重时稻茎基部变黑，后期烂秆倒伏。由于黑尾叶蝉的为害所造成的茎秆伤口，还会助长菌核病的发生。在水稻抽穗、灌浆期，成虫、若虫也会从穗部和叶片上取食。

形态特征

（1）成虫　体长4.5 ~ 6毫米，黄绿色。在头冠二复眼间有一黑色横带（亚缘黑带）。前翅鲜绿色，雄虫翅末1/3处为黑色，雌虫翅端部淡褐色（少数雄虫前翅端部呈淡褐色）。雄虫胸、腹部腹面及腹部背面全为黑色；雌虫腹面淡褐色，腹部背面灰褐色。

（2）卵　长椭圆形，微弯曲。初产时乳白色，后由淡黄转为灰黄色，

近孵化时出现2个红褐色眼点。

（3）若虫 黄白色至黄绿色。若虫共5龄，第3龄前体两侧褐色，第3龄后出现翅芽。

十 发生特点

（1）发生 河南、安徽每年发生4代，江苏、浙江、四川5代，福州、广东7～8代。由于成虫产卵期长，田间各世代有明显的重叠现象。黑尾叶蝉主要以若虫和少量成虫在绿肥田、冬种作物地、休闲板田、田边、沟边、塘边等杂草上越冬。冬季少严寒霜冻，春季气温偏高，降雨量较少，有利黑尾叶蝉安全越冬，越冬基数大。3～4月气温偏高年份，能加快越冬若虫发育进度，提高其羽化率，有效虫口基数大，是其大发生的基础。一般自6月份气温稳定上升后，虫量显著增多，至7～8月高温季节，发生量达到最高峰，凡夏秋高温干旱年份，有利于黑尾叶蝉的大发生。单、双季混栽稻区，稻叶蝉发生量大，为害重；单季稻区发生最轻。一般水稻早栽、密植、肥多稻株生长嫩绿、繁茂郁闭，小气候湿度增大，有利于叶蝉的发育繁殖。一般糯稻重于粳稻，粳稻又重于籼稻。

（2）习性 成虫性活泼，白天多栖息于稻株中、下部，早晨、夜晚在叶片上部为害。在高温、风小的晴天最为活跃，在气温低、大风暴雨时，则多静伏稻丛基部或田埂杂草中。成虫趋光性强，并有趋向嫩绿的习性。成虫寿命10～20天，越冬期可长达100多天。成虫羽化后一般经7～8天开始产卵，卵多产在叶鞘边缘内侧，少数产于叶片中肋内，产卵时先将产卵器伸到叶鞘和茎秆间的夹缝里面，再在叶鞘的内壁划破下表皮，卵产在表皮下，所以在叶鞘外面只看到卵块隆起，而没有开裂的产卵痕。卵粒单

行排列成卵块，每卵块一般有11 ~ 20粒卵，最多有卵30粒。多栖息在稻株基部，个数在2个片或穗上取食，有群聚习性，一丛稻上有10多只乃至数百只，茂密、荫郁的稻丛上虫数最多。若虫共5龄，2 ~ 4龄若虫活动力最强，初龄和末龄比较迟钝。

综合防治

（1）农业防治　选用高产抗虫品种，是防治虫害最有效的措施。冬、春季和夏收前后，结合积肥，铲除田边杂草。因地制宜，改革耕作制度，避免混栽，减少桥梁田。加强肥水管理，避免稻株贪青徒长。有水源地区，水稻分蘖期，用柴油或废机油1千克/亩，滴于田中，待油扩散后，随即用竹竿将虫扫落水中，使之触油而死。滴油前田水保持3毫米以上，滴油扫落后，排出油水，灌进清水，避免油害。早稻收割后，也可立即耕翻灌水，田面滴油耕耙。

（2）物理防治　黑尾叶蝉有很强的趋光性，且扑灯的多是怀卵的雌虫，可在6 ~ 8月成虫盛发期进行灯光诱杀。

（3）化学防治　大田虫口密度调查，成虫出现20% ~ 40%，即为盛发高峰期，加产卵前期，加卵期即为若虫盛孵高峰期。再加若虫期1/3天数，就是2、3龄若虫盛发期，即药剂防治适期。此时田间如虫口已达防治指标，参照天敌发生情况，进行重点挑治。早稻孕穗抽穗期，每百丛虫口达300 ~ 500只；早插连作晚稻田边数行每百丛虫口达300 ~ 500只，而田中央每百丛虫口达100 ~ 200只时，即须开展防治。病毒病流行地区，早插双季晚稻本田初期，虽未达上述防治指标，也要考虑及时防治。施药时田间要有水层3毫米，保持3 ~ 4天。农药要混合使用或更换使用，以免产生抗药性。药剂可选用10%吡虫啉可湿性粉剂3000倍液，或50%异丙威可湿性粉剂1000倍液，或50%杀螟硫磷乳剂1000倍液。

30. 电光叶蝉

电光叶蝉 *Inazuma dorsalis*（Motschulsky），属半翅目叶蝉科。分布在黄河以南各稻区。为害水稻、玉米、高粱、粟、甘蔗、麦类等。

为害症状

成、若虫在水稻叶片和叶鞘上刺吸汁液，被株生长发育受抑，造成叶片变黄或整株枯萎。传播稻矮缩病、瘤矮病等。

形态特征

（1）成虫　体长3～4毫米，浅黄色，具淡褐斑纹。头冠中前部具浅黄褐色斑点2个，后方还有2个浅黄褐色小斑点。前翅浅灰黄色，其上具闪

电状黄褐色宽纹，色带四周色浓，特征相当明显。胸部及腹部的腹面黄白色，散布有暗褐色斑点。

（2）卵 长椭圆形，略弯曲，初白色，后变黄色。

（3）若虫 共5龄，末龄若虫体长3.5毫米，黄白色。

发生特点

浙江每年发生5代，四川5 ~ 6代，以卵在寄主叶背中脉组织里越冬。台湾每年发生10代以上。长江中下游稻区9 ~ 11月为害最重，四川东部在8月下旬至10月上旬。雌虫寿命20天，雄虫15天左右。产卵前期7天，产卵量约80粒。卵历期10 ~ 14天，若虫历期11 ~ 14天。

综合防治

参见黑尾叶蝉。

31.稻绿蝽

稻绿蝽*Nezara viridula*（Linnaeus）属半翅目，蝽科。全国各稻区均有分布。水稻受害后，一般减产10%以上，严重时减产达70%。除水稻外，还可为害小麦、油菜、高粱、玉米、芝麻、马铃薯、豆类、棉花、柑橘及多种蔬菜。

为害症状

成虫和若虫群集在穗部，刺伤花器或吸食谷粒浆液，造成空粒或秕粒。

形态特征

（1）成虫　雌虫体长11 ~ 13.5毫米，雄虫体长9.5 ~ 12毫米。成虫分全绿型、黄肩型和点绿型三种表现型。全绿型个体全绿，小盾片基部有3个小白点排成横行；黄肩型个体两复眼之间的前端及前盾片两侧角之间的前侧区均为黄色，其余同全绿型个体；点绿型个体为黄色，前盾片有3个绿点排成横行，小盾片基部也有3个绿点排成横行，小盾片末端和前翅革片中央各有1个绿点共3个排成横行。

（2）卵　圆桶形，有盖，卵顶内缘有一周小白刺，数十粒排成块状。卵初产淡黄色，随后卵盖上出现红色“丫”形纹，接着红色“丫”形纹进一步变成新月形红斑，并在卵有背侧面出现“T”形黑纹。孵化前“T”形黑纹的弧形黑纹增粗，变为“甲”形黑纹。

（3）幼虫　共5龄。5龄幼虫体长8 ~ 12毫米，前后翅芽明显，4、5龄体色变化大，大多数个体绿色，少数

个体黑色，臭腺由红、黑、白三色组成，体背斑纹变化较大。

发生特点

（1）发生 浙江每年发生1代，湖北江汉平原2 ～ 3代，广东3 ～ 4代。成虫在房屋瓦下及田间土隙和枯枝落叶下越冬。第二年3、4月份，越冬成虫陆续飞出，在附近的早稻、玉米、花生、豆类、芝麻等作物上产卵，第一代若虫在这些作物上为害。当水稻抽穗扬花至乳熟时期，第一代成虫和第二代若虫集中为害稻穗。水稻黄熟以后，又转移到花生、芝麻等作物上继续为害。

（2）习性 成虫寿命长，产卵前期和产卵期长，是多代区世代重叠的主要原因。成虫趋光性强，有假死性。雌虫性比率为0.5。成虫一般可交配2 ～ 6次，平均3次，有边交配边取食习性。卵块多产于稻株基部叶背上，每块卵有7 ～ 85粒，平均39粒，排列整齐，一般3 ～ 16行。初孵若虫群集于卵壳上，不食不动，2龄开始取食，群集为害，3龄开始分散为害，具假死性。

综合防治

（1）农业防治 同一作物集中连片种植，避免混栽套种。避免双季稻和中稻插花种植。

（2）化学防治 药剂防治适期在2、3龄若虫盛期，对达到防治指标（水稻百蔸虫量8.7 ～ 12.5头），且水稻离收获期1个月以上、虫口密度较大的田块，可用2.5%溴氰菊酯乳油2000倍，或20%氰戊菊酯乳油2000倍液，或2.5%三氟氯氰菊酯菊酯乳油2000倍液，或10%吡虫啉可湿性粉剂1500倍液，或90%敌百虫晶体600 ～ 800倍液喷雾。

32. 稻棘缘蝽

稻棘缘蝽*Cletus punctiger*（Dallas）属半翅目，缘蝽科，又称稻针缘蝽、黑棘缘蝽。国内分布北起辽宁，南至台湾、海南及广东、广西、云南，东面临海，西至陕西、甘肃、四川、云南、西藏。长江以南局部地方，密度较大。

为害症状

成、幼虫喜聚集在稻穗上吸食汁液，造成秕粒。

形态特征

（1）成虫　体长9～11毫米，体黄褐色，狭长，刻点密布。头顶中央具短纵沟，头顶及前胸背板前缘具黑色小粒点，触角第1节较粗，长于第3节，第4节纺锤形。复眼褐红色，单眼红色。前胸背板多为一色，侧角细长，稍向上翘，末端黑。

（2）卵　似杏核，全体具珠泽，表面生有细密的六角形网纹，卵底中央具1圆形浅凹。

（3）幼虫　共5龄。3龄前长椭圆形,4龄后长梭形。5龄体长8～9毫米，黄褐色带绿，腹部具红色毛点，前胸背板侧角明显生出，前翅芽伸达第4腹节前缘。

发生特点

（1）发生　湖北每年发生2代，江西、浙江3代。成虫在杂草根际处越冬。广东、云南、广西南部无越冬现

象。江西越冬成虫3月下旬出现，4月下旬至6月中下旬产卵。第1代若虫5月上旬至6月底孵出，6月上旬至7月下旬羽化，6月中下旬开始产卵。第2代若虫于6月下旬至7月上旬始孵化，8月初羽化，8月中旬产卵。第3代若虫8月下旬孵化，9月底至12月上旬羽化，11月中旬至12月中旬逐渐蛰伏越冬。早熟或晚熟生长茂盛稻田易受害，近塘边、山边及与其他禾本科、豆科作物近的稻田受害重。

（2）习性 羽化后的成虫7天后在上午10时前交配，交配后4 ~ 5天把卵产在寄主的茎、叶或穗上，多散生在叶面上，也有2 ~ 7粒排成纵列。

综合防治

（1）农业防治 结合秋季清洁田园，清除田间杂草，集中处理。

（2）化学防治 低龄若虫盛期喷洒2.5%三氟氯氰菊酯乳油2000 ~ 3000倍液，或2.5%溴氰菊酯乳油2000倍液，或10%吡虫啉可湿性粉剂1500倍液。每隔7天喷洒1次，连续1 ~ 2次。

33.大稻缘蝽

大稻缘蝽*Leptocorisa acuta*（Thunberg）属半翅目，缘蝽科，又称稻蛛缘蝽、稻穗缘蝽、异稻缘蝽。分布于广东、广西、海南、云南、台湾等省区。为害水稻、玉米、豆类、小麦、甘蔗及多种禾本科植物。

为害症状

成、若虫刺吸稻茎、叶和穗部汁液，受害处产生黄斑，严重的导致分蘖和发育受抑，造成全株枯死。

形态特征

（1）成虫　体长15～17毫米，宽2.3～3.2毫米，茶褐色带绿或黄绿色。头部向前伸出，头顶中央有1短纵凹。触角细长，4节；第1、4节淡褐红色，2、3节端部带黑色，第1节端部略膨大，约短于头胸长度之和。喙4节，黑褐色，伸达中足基节间，第3、4节等长。前胸背板略长于宽，满布深褐色刻点，正中有1刻点稀小的纵纹。小盾片呈长三角形，足细长，淡黄褐色稍带绿色。前翅革质部前缘绿色，余茶褐色，膜质部深褐色。雄虫的抱器基部宽，端渐尖削略弯曲。

（2）卵　椭圆形，长1.2毫米，底

圆面平，无明显的卵盖，前端有1小白点。初产时淡黄褐色，中期赤褐色，后期黑褐色，并有光泽。

（3）若虫　末龄若虫体长14 ~ 15毫米，翅芽达第3腹节后缘，臭腺扁圆形带红色。

发生特点

（1）发生　云南每年发生3 ~ 4代，海南文昌4代，广西4 ~ 5代。成虫在田间或地边杂草丛中或灌木丛中越冬。在云南、海南越冬成虫3月中下旬开始出现，4月上中旬产卵，6月中旬2代成虫出现为害茭白和水稻，7月中旬进入3代，8月下旬发生4代，10月上中旬个别出现5代。

（2）习性　成、若虫喜在白天活动，中午栖息在荫凉处，羽化后10天多在白天交尾，2 ~ 3天后把卵产在叶面，昼夜都产卵，每块5 ~ 14粒排成单行，有时双行或散生，产卵持续11 ~ 19天，卵期8天，每雌产卵76 ~ 300粒。成虫历期60 ~ 90天，越冬代180天左右。若虫共5龄，历期15 ~ 29天

综合防治

（1）农业防治　结合秋季清洁田园，清除田间杂草，集中处理。

（2）化学防治　低龄若虫盛期喷洒2.5%三氟氯氰菊酯乳油2000 ~ 5000倍液，或2.5%溴氰菊酯乳油2000倍液，或10%吡虫啉可湿性粉剂1500倍液。每隔7天喷洒1次，连续1 ~ 2次。

34.稻象甲

稻象甲*Echinocnemus squameus* Billberg属鞘翅目，象甲科，又称稻鼻虫、稻象虫；俗称钩鼻子虫，全国各产稻区均有分布。为害水稻、棉花、瓜类、甘薯、番茄、麦类、玉米等。

为害症状

幼虫在土中食害稻根，致稻株变黄，严重时整株枯死。成虫咬食稻苗近水面的心叶，受害叶长出后，出现一行横排小孔，遇风易折断浮在水面上。

形态特征

（1）成虫　体长5毫米，体黑褐色，密布灰黄色细鳞毛，头部延伸呈稍向下弯喙管，口器着生在喙管的末端。触角黑褐，末端膨大。每鞘翅上有纵沟10条，在第2、3条纵沟靠中央之间有一长方形小白斑。小盾片圆形，其前方有一白色短纹。

（2）卵　卵长0.6～0.9毫米，椭圆形，略弯，初产无色，后淡黄，半透明，具光泽。

（3）幼虫　幼虫长1～9毫米，头褐色，胸腹部乳白色，多皱纹，第2至第7腹节背面两侧横皱末端各有1小

刺。蛹长约5毫米，灰色，腹面多细皱纹。末节有肉刺一对。

发生特点

（1）发生　浙江每年发生1代，江西、贵州部分1代，多为2代，广东2代。一代区以成虫越冬，1、2代交叉区和2代区也以成虫为主，幼虫也能越冬，个别以蛹越冬。幼虫、蛹多在土表3毫米深处的根际越冬，成虫常蛰伏在田埂、地边杂草落叶下越冬。江苏南部地区越冬成虫于翌年5～6月产卵，10月份羽化。江西越冬成虫则于5月上中旬产卵，5月下旬一代幼虫孵化，7月中旬至8月中下旬羽化。二代幼虫于7月底至8月上中旬孵化，部分于10月化蛹或羽化后越冬。一般在早稻返青期为害最烈。通气性好、含水量较低的沙壤田、干燥田、旱秧田易受害。春暖多雨，利于化蛹和羽化，早稻分蘖期多雨利于成虫产卵。

（2）习性　越冬成虫寿命长达7～8个月。成虫羽化后仍暂停留在土室内，以后外出活动，以傍晚活动最盛。傍晚时交尾最多。早晨傍晚和阴雨天多栖于稻株上部，晴天则多潜伏于稻丛基部。有假死性和趋光性，一受惊动即坠地。成虫咬食稻苗近水面处的假茎，被害心叶抽出后，轻者出现一列横排小孔，重者稻叶折断。成虫用口吻在离水面1基叶咬一小孔，产卵其中，每孔有卵1～10多粒，多为3～5粒。为期5～6天。室内观察，孵化率达100%。一代幼虫60～70天，越冬代的幼虫期则长达6～7个月。幼虫孵出后停留在叶鞘内数小时至1天，然后沿着稻株潜入土中，聚居于土下3毫米处的稻根周围为害须根。老熟后在稻根附近的表土下3毫米处筑土室化蛹。

综合防治

防治稻象甲应以农业防治为基础，化学防治是关键，配合草把诱杀，进行综合防治。

（1）农业防治　铲除田边、沟边杂草，春耕沤田时多耕多耙，使土中蛰伏的成、幼虫浮到水面上，再把虫捞起深埋或烧毁。

（2）物理防治　成虫喜食甜食，将稻草扎成30左右长的草把，洒上红糖水，并在草把中放入糖果，傍晚均匀放入中稻秧田中，放草把20个左右/亩，次日清晨收集草把捕杀成虫。

（3）化学防治　在稻象甲为害严重的地区，已见稻叶受害时喷洒50%杀螟硫磷乳油800倍液，或90%晶体敌百虫600倍液。

35. 稻眼蝶

稻眼蝶*Mycalesis gotama* Moore属鳞翅目，眼蝶科，又称黄褐蛇目蝶、日月蝶、蛇目蝶、短角稻眼蝶，属突发性猖獗性害虫公布于河南、陕西以南，四川、云南以东各省。除水稻外，还可以为害茭白、甘蔗、竹子等。

为害症状

幼虫沿叶缘为害叶片成不规则缺刻，影响水稻生长发育。

形态特征

（1）成虫　体长15 ~ 17毫米，翅展40 ~ 50毫米，体背及翅的正面常为灰褐色，前后翅外缘钝圆，前翅正面的2个眼斑各自分开，前小后大，眼斑中央白色，中圈黑色，外圈黄色。反面有3个眼斑，最大的1个与翅正面的大眼斑相对应。后翅正面无眼斑，反面具5 ~ 7个大小不等的眼斑。

（2）卵　馒头形，直径约0.9毫米，黄绿色，半透明，表面有微细网纹，孵化前转为褐色。

（3）幼虫　初孵时2 ~ 3毫米，浅白色，老熟后体长32毫米，草绿色。头灰褐色，正面有褐色斑纹，头宽大于头长，形似猫头，有1对黄褐色角突，其长度约为头长的1/4 ~ 1/3，头及触角的刚毛纤细。体绿色或黄褐色，各体节多横纹，臀板顶端呈双叉状。

（4）蛹　体长约15毫米，初绿色，后变黑褐色，第1 ~ 4节背面有1对白点，翅外缘具1排小黑点。

发生特点

（1）发生　浙江、福建每年发生

4～5代，华南5～6代，世代重叠。蛹或末龄幼虫在稻田、河边、沟边及山间杂草上越冬。

（2）习性　成虫喜在竹林、花丛中活动、交尾、取食花蜜补充营养，晚间静伏在杂草丛中，产卵前期5～10天，交尾后第2天开始产卵，卵散产在浓绿的稻叶上。产卵期30天左右，每雌平均可产卵90多粒。卵日夜均可孵化，以9～18时最盛。初孵幼虫先吃卵壳，后取食叶缘，3龄后食量大增，取食时沿叶脉取食成缺刻，有时把稻叶咬断。老熟幼虫多爬至稻株下部，经1～3天不食不动，吐丝黏着叶背倒挂半空化蛹。

综合防治

（1）农业防治　结合冬春积肥，及时铲除田边、沟边、塘边杂草，能有效地压低越冬幼虫或蛹的数量。利用幼虫假死性，震落后捕杀或放鸭啄食。

（2）化学防治　在防治稻纵卷叶螟或稻弄蝶时可兼治稻眼碟。必要时掌握在2龄幼虫为害高峰期前单独防治。可喷洒50%杀螟硫磷乳油600倍液，或90%晶体敌百虫600倍液，或10%吡虫啉可湿性粉剂2500倍液。

36. 直纹稻弄蝶

直纹稻弄蝶*Parnara guttata* Bremer et Grey属鳞翅目，弄蝶科，又称稻苞虫，俗称稻结虫、结苞虫、扯苞虫、苞叶虫等。除宁夏、新疆、青海、西藏等省区未见报导外，全国各稻区均有分布。为害水稻、玉米、高粱、茭白、大麦、小麦、李氏禾、稗草等。

为害症状

幼虫吐丝结稻叶成苞，蚕食稻叶。还能直接咬断稻穗，造成严重减产。

形态特征

（1）成虫　成虫体长17 ~ 19毫米，翅和体均为黑褐色，有黄绿色光泽。前翅有7 ~ 8个近四边形的半透明白斑，呈半环状排列，下面一个最大；后翅中央有4个半透明的白斑，排成一直线，反面色泽正面色浅，被有黄粉，斑纹与正面相同。头、胸部宽于腹部，触角球杆形，末端有钩。

（2）卵　半圆球形，直径约0.9毫米，高0.5毫米。初产时乳白色，渐变浅土黄色，卵壳表面有玫瑰色小点和斑纹，卵孵化前，顶变黑色，卵壳表面有六面形或五角形细网纹，顶花8 ~ 12瓣，瓣形较瘦长。被天敌寄生的卵呈紫黑色。

（3）幼虫　幼虫共5龄，5龄幼虫头灰白色，体长20 ~ 38毫米，胸盾片黑横线细毫米，气门大而内凹，臀部黑板消失，变淡绿白色。老熟幼虫腹部第4 ~ 7节两侧各有一堆白色蜡粉状脉。

（4）蛹　体长25毫米左右，圆筒形，头平尾尖，复眼突出，体灰褐色至褐色，臀棘细长，末端有一簇细钩。雌蛹生殖脉于第8节腹面呈浅沟状，雄蛹生殖脉开口第9腹节前方。

二、发生特点

（1）发生　直纹稻弄蝶有间歇性猖獗发生的特点，气候、虫口基数、食料、蜜源和天敌等条件是影响发生轻重的关键因素。长城以北每年发生2代，长城以南黄河以北每年发生3代，黄河以南长江以北4 ~ 5代，长江以南南岭以北5 ~ 6代，南岭以南6 ~ 8代。同一地区，海拔高度不同，发生代数也不同。南方以中、小幼虫在背风的田埂、渠边、沟边、茭白、小竹丛等禾本科植物上结苞越冬，气温高于12℃能取食，第1代主要发生在茭白上，以后各代主要在水稻上。冬春气温低或前一个月降雨量大，雨日多，易流行。发育适温24 ~ 28℃，温度低于20℃或高于32℃，湿度低于75%或高于90%，均不利于成虫成活与产卵。主害代成虫盛期，时晴时雨，小雨不断，盛夏不热，是大发生的预兆。水稻分蘖期稻叶嫩绿，受卵量占总卵

量的81%，存活率32.4%，圆秆拔节稻叶黄硬，受卵量12.5%，存活率仅3.3%。

（2）习性　成虫寿命2～19天，喜取食花蜜。卵多散产在嫩绿的稻叶背面，一般一叶1～2粒，每雌可产卵约100粒。初孵幼虫先咬食卵壳，爬至叶尖或叶缘，吐丝缀叶结苞取食，清晨或傍晚爬至苞外，田水落干时，幼虫向植株下部老叶转移，灌水后又上移。4龄幼虫以2～3片叶结成虫苞，老熟幼虫结5片叶以上的大虫苞。1头幼虫可食稻叶8～12.5片，4～5龄幼虫食叶量占97.8%。老熟幼虫在大虫苞内结薄茧化蛹，也有在稻丛间，土隙缝中化蛹。

综合防治

（1）农业防治　结合耕田摘除或捏死幼虫，或放鸭啄食。

（2）生物防治　百丛有稻苞虫卵5～10粒以上时，每3～4天放赤眼蜂1次，每次1～2万只，连放3～4次。

（3）化学防治　低龄幼虫发生盛期喷药防治，药剂可选用杀螟杆菌（100亿个活孢子/克）500倍液，或20%杀虫双水剂500倍液，或90%晶体敌百虫500倍液，或50%杀螟硫磷乳油1000倍液。

37.红棕灰夜蛾

红棕灰夜蛾*Polia illoba* Butler属鳞翅目，夜蛾科，又称苜蓿紫夜蛾。分布于黑龙江、内蒙古、河北、甘肃等省区以及华东、中南地区。常局部成灾，大量发生时，可将叶片吃光；抽穗前为害，使稻穗卷曲，无法抽出，或被曲折，不能开花结实，严重影响产量。除水稻外，还可为害茄子、胡萝卜、甜菜、草莓、大豆、豇豆等。

为害症状

幼虫食叶成缺刻或孔洞，严重时可把叶片食光。也可为害嫩头、花蕾和浆果。

形态特征

（1）成虫　体长16毫米，翅展38～42毫米。体棕色至红棕色，下唇须红棕色，向上斜伸。腹部褐色，腹端具褐色长毛。前翅上褐色剑纹粗大，环纹灰褐色，圆形。肾纹不规则，较大，灰褐色。外线棕褐色，锯齿形。亚缘线深棕色，较粗，缘毛褐色。后翅大部分红棕色，基部色淡，缘毛白色。

（2）卵　半球状，宽0.65毫米，高0.4毫米，中间具纵棱约50条，棱间有细横格。初产时浅绿色，后变紫褐色。

（3）幼虫　初孵幼虫浅灰褐色，腹部紫红色，全体布有大而黑的毛片，足呈尺蠖状。3龄幼虫绿色或青绿色。4龄后出现红棕色型，6龄时基本都成为红棕色。末龄幼虫体长35～45毫米，头宽3～3.5毫米，具褐色网纹，

单眼黑色，背线和亚背线各具1纵列黄白色小圆斑，圆斑上生棕褐色边，每节每列5～7个，毛片圆形黑色。气门线黑褐色，沿上方具深褐色圆斑。气门下线浅黄色至黄色。腹足颜色与体色相同。

（4）蛹　纺锤形，长约20毫米，宽6～7毫米，红褐色，蛹体较粗糙，有1对短粗的臀刺，末端分叉。

发生特点

成虫有趋光性。1、2龄幼虫群聚在叶背取食叶肉；3龄后分散，4龄时出现假死性，白天多栖息在叶背或心叶上；5、6龄进入暴食期。老熟幼虫在土内3毫米处化蛹。

综合防治

（1）物理防治　成片安置黑光灯，诱杀成虫。

（2）化学防治　必要时可选用5%氯氰菊酯乳油1000倍液，或10%氯氰菊酯乳油1000倍液喷雾，连续1～2次。

38. 福寿螺

福寿螺*Ampullaria gigas* Spix腹足纲，腹足目，又称大瓶螺、南美螺、苹果螺。分布于广东、广西、福建、浙江、上海、海南、台湾等地。为害水稻、茭白、菱角等水生植物，也可为害靠近水边的甘薯、空心菜、芡实等。水稻受害株率一般为7%～15%，最高达64%，发生严重时可导致毁苗。

为害症状

孵化后稍长即开始啮食水稻等水生植物，尤喜幼嫩部分。福寿螺是新的有害生物。水稻插秧后至晒田前是主要受害期。它咬剪水稻主蘖及有效分蘖，致有效穗减少而造成减产。

形态特征

（1）成虫　外形似田螺，贝壳的缝合线处下陷呈浅沟，壳脐深而宽。具一螺旋状的螺壳，壳厚，壳高7厘米；颜色随环境及螺龄不同而异，有光泽和若干条细纵纹，爬行时头部和

腹足伸出。头部具触角2对，前触角短，后触角长，后触角的基部外侧各有一只眼睛。螺体左边具1条粗大的肺吸管。

（2）卵　卵圆形，直径2毫米，初产卵粉红色至鲜红色，卵的表面有一层不明显的蜡粉状覆盖物。卵块椭圆形，大小不一，小卵块仅数十粒，大的可达千粒以上；卵块由3～4层卵粒叠覆成葡萄串状，卵粒排列整齐，卵层不易脱落，色泽鲜艳，十分醒目，以后色泽变淡，7～10天后变成白色。

（3）幼虫　形状似成螺，壳薄。初孵幼螺体长2～2.5毫米，软体部分呈深红色。

发生特点

（1）发生　每年发生2～3代。在长江以南地区，福寿螺可自然越冬。

（2）习性　福寿螺雌雄同体，异体交配。除产卵或遇有不良环境条件时迁移外，一生均栖于淡水中，遇干旱则紧闭壳盖，静止不动，长达3～4个月或更长。卵于夜间产在水面以上干燥物体或植株的表面，如茎秆、沟壁、墙壁、田埂、杂草等上。一代每只雌螺平均繁殖幼螺3050只，孵化率为70%，二代每只雌螺平均繁殖幼螺一千余只，孵化率60%左右，繁殖力极强。初孵化幼螺落入水中，吞食浮

游生物等。幼螺发育3～4个月后性成熟。

综合防治

（1）农业防治 人工捡成螺和幼螺，摘除卵块，然后集中深埋、打碎或烧毁。有计划地组织养鸭，在螺卵孵化时，放鸭子捕食幼螺。

（2）化学防治 防治适期以产卵前为宜。当每平方米稻田平均有螺2～3头时，应马上防治。药剂可选用6%四聚乙醛颗粒剂，每亩用量0.5～0.7千克，拌细砂75～150千克撒施，施药后保持3毫米水层3～5天；也可选用2%三苯醋锡颗粒剂，每亩用量1～1.5千克，于栽植前7天施用，田水保持3厘米深约1周；或80%聚乙醛可湿性粉剂，每亩用量1.2千克，于栽植前1～3天，加水稀释，田水保持1毫米深约7天，要求气温高于20℃时施用；此外，还可选用50%杀螺胺乙醇胺盐可湿性粉剂，每亩60～80克，对水50千克喷雾防治。

参考文献

[1] 中国农业科学院植物保护研究所. 中国农作物病虫害［M］. 北京：中国农业出版社，1995.

[2] 方中达等. 中国农业百科全书·植物病理学卷［M］. 北京：农业出版社，1996.

[3] 吴福桢等. 中国农业百科全书·昆虫卷［M］. 北京：农业出版社，1990.

[4] 章士美等. 中国农林昆虫地理分布［M］. 北京：中国农业出版社，1996.

[5] 郭普等. 植保大典［M］. 北京：中国三峡出版社农业科教出版中心，2006.

[6] 刘艳等. 水稻黑条矮缩病研究进展［J］. 江苏农业科学，2010（3）：152-154，159.

[7] 黄珊. 水稻稻曲病研究进展［J］. 福建农业学报，2012，27（4）：452-456.

[8] 熊健生等. 生物农药防治水稻主要病虫田间药效试验［J］. 安徽农学通报，2013，19（6）：85-86，107.

[9] 沈丙奎等. 5种药剂防治水稻田稻飞虱药效比较试验［J］. 安徽农学通报，2014，20（6）：94-96.